FESTSCHRIFT

ZUM 60. GEBURTSTAG VON PROF. DR. DR. h. c. A. PETERSEN

W I S S E N S C H A F T L I C H E A B H A N D L U N G E N

Nr. 51

BEITRÄGE
ZUR BEWIRTSCHAFTUNG UND FÖRDERUNG
LEICHTER BÖDEN

Festschrift zum 60. Geburtstag von Prof. Dr. Dr. h. c. A. PETERSEN

Zusammengestellt
im Auftrage der Autoren
von

K. DYHRENFURTH

Mit 24 Abbildungen und 35 Tabellen

DEUTSCHE AKADEMIE
DER LANDWIRTSCHAFTSWISSENSCHAFTEN ZU BERLIN

AKADEMIE-VERLAG · BERLIN
1961

Herausgegeben von der Deutschen Akademie der Landwirtschaftswissenschaften zu Berlin
Erschienen im Akademie-Verlag GmbH, Berlin W 8, Leipziger Str. 3—4

Lizenznummer 202 · 100/444/61
Kartengenehmigung: MdI der DDR Nr. 6012
Gesamtherstellung: VEB Druckerei „Thomas Müntzer" Bad Langensalza
Bestellnummer: 2068/51
Preis: DM 13,—
Printed in Germany
ES 22 D

INHALT

VORWORT

An der Gestaltung der vorliegenden Festschrift sind ausschließlich Schüler von Prof. Dr. Dr. h. c. A. PETERSEN beteiligt, deren Anliegen es ist, ihrem verehrten Lehrer und Förderer zu seinem 60. Geburtstag eine spezielle Freude zu bereiten.

Aus mehreren Gründen schien eine Festschrift dazu besonders geeignet: Einmal dokumentiert sie rein äußerlich die Verbundenheit und Dankbarkeit, die die Autoren ihrem hochverehrten Lehrer gegenüber empfinden; zum anderen bietet sie die Möglichkeit, Prof. PETERSEN, dessen ganzes Leben im Dienst der Wissenschaft stand, zu diesem Ehrentag ein Geschenk wissenschaftlichen Charakters zu überreichen; schließlich soll diese Festschrift ihm — dem die Ausbildung und Förderung des wissenschaftlichen Nachwuchses nicht nur selbstverständliche Verpflichtung, sondern Berufung und Lebensinhalt war und ist — zeigen, daß seine Schüler, auch wenn sie nicht mehr zu seinen Mitarbeitern zählen, sondern verantwortliche Aufgaben in anderen wissenschaftlichen bzw. staatlichen Institutionen übertragen bekamen, sich bemühen, in seinem Sinne zu wirken.

Dem Präsidium und der Ständigen Kommission für Veröffentlichungen der Deutschen Akademie der Landwirtschaftswissenschaften zu Berlin ist es zu danken, daß diese Absicht der Autoren durch Aufnahme der Schrift als Festband in die „Wissenschaftlichen Abhandlungen" der Akademie verwirklicht und materiell gesichert werden konnte.

Da die einzelnen Nummern der Wissenschaftlichen Abhandlungen allerdings auf eine bestimmte Thematik begrenzt sein müssen, stand die Redaktion vor der nicht leichten Aufgabe, dafür einen Problemkreis zu wählen, der nicht nur möglichst vielen der wissenschaftlich heute auf den verschiedensten Fachgebieten arbeitenden ehemaligen Studenten Prof. PETERSENS die Beteiligung ermöglichte, sondern auch enge Beziehungen zu dessen eigenem, auf den verschiedensten Gebieten so erfolgreichem Wirken hat. Im Hinblick darauf, daß die Mitarbeiter des unter Leitung von Prof. PETERSEN stehenden Institutes für Grünland- und Moorforschung Paulinenaue der Deutschen Akademie der Landwirtschaftswissenschaften zu Berlin in dem ebenfalls als Festschrift zu seinem 60. Geburtstag erscheinenden Heft 3/1960 der Zeitschrift „Landeskultur" bereits Fragen des

Grünlandes behandeln, schien das Thema „Probleme der Bewirtschaftung und Förderung leichter Böden“ den genannten Forderungen am besten zu entsprechen.
Seit Jahrzehnten gilt das besondere Interesse Prof. PETERSENS diesem Forschungskomplex, wofür nicht nur seine betriebsökonomischen Vorlesungen und zahlreiche seiner Arbeiten, sondern auch die bei ihm gefertigten Dissertationen beredtes Zeugnis sind. So ist es nur verständlich, daß auch seine Schüler in ihrer Tätigkeit den leichten Böden mit all ihren Problemen entsprechende Beachtung und Aufmerksamkeit widmen und somit eine Festschrift mit entsprechender Thematik einem relativ großen Kreis die Möglichkeit zum Mitgestalten bot.
Die trotzdem notwendige Begrenzung in der Zahl der Autoren ließ es richtig erscheinen, vor allem diejenigen zu Wort kommen zu lassen, die nach 1945 bei Prof. PETERSEN studierten, promovierten (und zum Teil bereits habilitierten), früher einmal zu seinen Assistenten zählten und auch z. Z. wissenschaftlich tätig sind.
Mit der vorliegenden Festschrift möchten wir — zugleich auch im Namen vieler, die auf Grund der begrenzten Thematik nicht als Autoren mitwirken konnten — Prof. PETERSEN unsere hohe Achtung vor seinen großen wissenschaftlichen Leistungen und vor allem unseren Dank für seine Lehrtätigkeit, die uns zuteil gewordene Förderung und vielfältig gegebenen Anregungen sowie seine Anteilnahme an unseren eigenen Arbeiten zum Ausdruck bringen. Zugleich wünschen wir ihm noch viele Jahre erfolgreicher Arbeit in Forschung und Lehre zum Nutzen der Wissenschaft und der Praxis, mit der er stets auf das engste verbunden ist.
Schließlich sei der Wunsch ausgesprochen, daß der vorliegende Band einem möglichst breiten Leserkreis die Notwendigkeit der verstärkten Beachtung und Förderung der leichten Böden gerade in der gegenwärtigen Entwicklungsetappe unserer sozialistischen Landwirtschaft deutlich macht und Wege zur Lösung der damit zusammenhängenden wichtigen Probleme weist.

Im Auftrage der Autoren
K. DYHRENFURTH

Anklam, den 6. 12. 1960

Prof. Dr. Dr. h. c. Asmus PETERSEN zum 60. Geburtstag

(Mit einem Verzeichnis seiner Veröffentlichungen und der bei ihm gefertigten Dissertationsschriften)

Am 6. Dezember 1960 begeht Prof. Dr. Dr. h. c. Asmus PETERSEN seinen 60. Geburtstag. Allein die Tatsache, daß er Ordentliches Mitglied sowohl der Deutschen Akademie der Wissenschaften zu Berlin als auch seit ihrer Gründung der Deutschen Akademie der Landwirtschaftswissenschaften zu Berlin ist und er mit dem Deutschen Nationalpreis 1953 ausgezeichnet wurde, zeugt von seinen großen wissenschaftlichen Leistungen.

Deshalb soll an dieser Stelle auch gar nicht erst der Versuch unternommen werden, sein bisheriges Lebenswerk auf wissenschaftlichem Gebiet umfassend zu schildern; es ist zu vielseitig, um im Rahmen einer kurzen Würdigung erschöpfend behandelt werden zu können. Bewußt verzichten wir auch darauf, PETERSENS wissenschaftlichen Werdegang chronologisch wiederzugeben, da als Charakteristikum für ihn gelten kann, daß er weniger durch äußere Umstände als vor allem durch rastlosen inneren Drang Wissenschaftler und begeisterter Lehrer ist.

Im Jahre 1957 folgte Prof. PETERSEN der Berufung als Direktor des neu zu errichtenden Instituts für Grünland- und Moorforschung Paulinenaue der Deutschen Akademie der Landwirtschaftswissenschaften zu Berlin, wenngleich es ihm sicher nicht leicht fiel, Lehrstuhl und Institut der landwirtschaftlichen Betriebslehre an der Landwirtschaftlichen Fakultät der Wilhelm-Pieck-Universität Rostock aufzugeben. Er kehrte damit zu seiner wissenschaftlichen Jugendliebe, dem Grünland — dem er eigentlich im Verlaufe seiner ganzen Arbeit stets treu geblieben ist — zurück. Eine Rückkehr an die erste Stätte seiner wissenschaftlichen Tätigkeit war zugleich auch die kurze Zeit darauf erfolgte Berufung zum Ordinarius für Grünland an die Landwirtschaftlich-Gärtnerische Fakultät der Humboldt-Universität zu Berlin, an der er Jahrzehnte früher sein Studium begann und mit der Dissertation „Die Taxation von Wiesenländereien auf Grund des Pflanzenbestandes — mit Ausblicken auf die Taxationen von Ackerländereien auf Grund der wiesenartigen Pflanzenbestände des Ackerrandes" abschloß.

Bereits der Titel seiner Dissertation weist darauf hin, daß PETERSEN das Grünland nie für sich allein sah, sondern stets im Rahmen des gesamten Betriebes, also vom betriebsökonomischen Standpunkt. Der Taxation bzw. Bewertung

landwirtschaftlicher Nutzflächen gab er neue Aspekte. Eine geradezu folgerichtige und konsequente Fortsetzung der eingeschlagenen Richtung war das 1930 erschienene Werk „Die Taxation von Ackerländereien auf Grund des natürlichen Pflanzenbestandes von Ackerland und Ackerrand", in dem er einmal mehr die Bedeutung der Taxationslehre als Teil der Lehre von der Ökonomik landwirtschaftlicher Betriebe unterstrichen hat. Nur zu verständlich ist es deshalb auch, daß PETERSEN die Vorarbeiten zur Schätzung der Kulturböden Deutschlands — der Reichsbodenschätzung — nicht tatenlos verfolgte, sondern sich gutachterlich und vor allem in seiner 1934 erschienenen bedeutsamen Arbeit „Grundlagen zu einer Reichsbonitierung der landwirtschaftlichen Kulturböden Deutschlands" kritisch äußerte. Auch die in den folgenden Jahren bei ihm gefertigten Dissertationen zeigen, daß dem Gebiet der Taxation stets seine besondere Aufmerksamkeit galt.
Als nach 1945 unter völlig neuen Produktionsverhältnissen von der staatlichen Agrarplanung Unterlagen für die Planung der Produktion und die Beurteilung der Leistungsfähigkeit der landwirtschaftlichen Nutzflächen benötigt wurden, war es vor allem PETERSEN, der als kritischer Kenner der Reichsbodenschätzung und als Betriebsökonom die Wege wies, die von der Taxationslehre zur Lösung dieser Aufgaben zu beschreiten waren. Die „Schulungsrichtlinie und Arbeitsanweisung zur Ackerbodenschätzung" (1949), die Grünland-Schnellbonitierung im Jahre 1951, die Arbeit „Neue Rostocker Grünlandschätzung", seine Publikationen „Die landwirtschaftlichen Produktionszonen als Grundlage der Agrarplanung" und „Bodenschätzung, Rohertragbonitierung und Meliorationsbonitierung" sowie die unter seiner Anleitung 1960 begonnene Meliorationsbonitierung und die erstmals ebenfalls im gleichen Jahr auf seine Anregung durchgeführte Weidebonitierung und — Prämiierung für das Gebiet der Deutschen Demokratischen Republik sind dafür beredtes Zeugnis.
PETERSEN gebührt nicht nur das Verdienst, die landwirtschaftliche Taxationslehre entscheidend befruchtet und weiterentwickelt zu haben. Vielmehr wies er vor allem auch durch ihre praktische Anwendung auf der Grundlage fundierter botanischer, pflanzensoziologischer, bodenkundlicher und betriebsökonomischer Kenntnisse nach, daß die Taxationslehre keineswegs, wie oft noch irrtümlich angenommen wird, ein lediglich für Steuer- und Versicherungszwecke unter kapitalistischen Produktionsverhältnissen benötigter und somit heute überholter Wissenszweig ist, sondern gerade unter sozialistischen Produktionsverhältnissen als Lehre von der Bewertung der Produktionsmöglichkeiten der Böden und Betriebe wichtige Aufgaben bei der Schaffung von Planungsunterlagen und -maßstäben zu erfüllen hat und ein wesentlicher Zweig des Gesamtgebietes der Agrarökonomik ist.
Großes internationales Ansehen erwarb sich PETERSEN auch mit seinen Arbeiten über THÜNEN, die sich noch eindeutiger auf betriebsökonomischem Gebiet bewegen; zugleich ist sein Beitrag „J. H. v. THÜNEN als Bahnbrecher auf dem Gebiet der landwirtschaftlichen Taxationslehre" ein Zeichen dafür, daß PETERSEN mit über die Taxationslehre auf THÜNEN gestoßen ist. Zwei vielbeachtete Werke von den zahlreichen, die PETERSEN über THÜNEN veröffentlichte,

sind es vor allem, in denen er die bis dahin vorherrschende einengende Interpretation des grundlegenden THÜNENschen Werkes überwandt, wie bereits aus den Titeln dieser beiden Bände hervorgeht: „Die fundamentale Standortslehre J. H. von THÜNEN, wie sie bisher als Intensitätslehre mißverstanden wurde und was sie wirklich besagt“ sowie „THÜNENS isolierter Staat — die Landwirtschaft als Glied der Volkswirtschaft“.

Sie basieren auf den von THÜNEN begründeten Gesetzmäßigkeiten der Standortverteilung landwirtschaftlicher Erzeugnisse in Abhängigkeit von der Entfernung zum Konsumtionszentrum unter den Bedingungen kapitalistischer Produktionsverhältnisse.

Die Arbeiten über THÜNEN weisen gleichzeitig bereits auf ein Gebiet, das PETERSEN besonders am Herzen liegt: die Pflege des landwirtschaftlichen Kulturerbes, das in seinen Spezialvorlesungen „Landwirtschaftliche Betriebslehre auf lehrgeschichtlicher Grundlage“ seinen Niederschlag fand. Den Wert dieser Vorlesungen werden im Hinblick darauf, daß sie veröffentlicht leider noch nicht vorliegen, in erster Linie nur diejenigen ermessen können, die selbst das Glück hatten, sie zu hören. Praktiker und Theoretiker der Landwirtschaft, wie Justus v. LIEBIG, THAER, THÜNEN, POGGE, v. WULFFEN, LENGERKE, RIMPAU, SCHULTZ-LUPITZ, AEREBOE und viele andere, ja die Hausväter und ihre Literatur, wurden in diesen Vorlesungen vor den Studenten lebendig, aus der Sphäre der sie bestimmenden ökonomischen Verhältnisse kritisch gewürdigt und ihre bleibenden Leistungen für die Organisation landwirtschaftlicher Betriebe herausgearbeitet. Einen kleinen Einblick in diese auf einer großen Liebe zur Landwirtschaftswissenschaft und einem äußerst gründlichen Studium ihrer Geschichte begründeten Vorlesungen vermitteln die wenigen publizierten Arbeiten, wie „Albrecht Daniel THAER — eine kritische Würdigung zu seinem 200. Geburtstag“, „SCHULTZ-LUPITZ und sein Vermächtnis“, „Alexander von LENGERKES Werke“ u. a., sowie die in dieser Richtung bei PETERSEN gefertigten Dissertationen.

Nur stichwortartig soll schließlich auf die Arbeiten von PETERSEN über die Gestaltung von Fruchtfolgen vom Blickpunkt des Betriebsökonomen unter unterschiedlichen natürlichen und ökonomischen Verhältnissen eingegangen werden, in denen er stets die Erhaltung und Steigerung der Bodenfruchtbarkeit in den Vordergrund aller betriebsökonomischen Überlegungen auf diesem Gebiet stellte. Daß dabei die leichten Böden seine besondere Fürsorge erfuhren, sei im Hinblick auf die im Vorwort dieser Festschrift bereits angeführte Begründung nur der Vollständigkeit halber nochmals erwähnt.

Über die Fruchtfolgen kommen wir zugleich wieder zu einem Gebiet, auf dem es PETERSEN in geradezu idealer Weise verstand, botanische Kenntnisse mit betriebsökonomischen Forderungen zu verbinden. Sein Werk „Die Bekämpfung der Ackerunkräuter durch die Kulturmaßnahmen des jeweiligen Anbau- und Betriebssystems“ ist dafür ein sichtbarer Ausdruck. Lassen wir PETERSEN dazu selbst sprechen, der in der Einführung zu diesem Buch schrieb: „Wenn eine Anleitung zur Bekämpfung der Ackerunkräuter für den praktischen Landwirt gegeben wird, dann wird immer wieder vergessen, daß nicht nur die wirksamen Kulturmaßnahmen herausgestellt werden müssen, sondern die betriebswirtschaftlich jeweils berechtigten Kulturmaßnahmen ... Man hat bisher die Unkrautbekämpfung nur auf biologischer Grundlage behandelt und nicht auf betriebswirtschaftlicher Grundlage ... Damit haben wir die Anleitung zur Bekämpfung der Ackerunkräuter für den praktischen Landwirt, soweit sie die landwirtschaftliche Betriebslehre geben kann, also die grundsätzliche Klarheit, die nach F. AEREBOE das einzige ist, was uns im Leben nie verläßt.

Wir verzichten darauf, außerdem noch eine spezielle oder angewandte Betriebslehre der Unkrautbekämpfung zu geben. Eine solche ist wie jede angewandte Betriebslehre unmöglich." (Hervorhebung v. d. Verf.)

Es erscheint uns richtig und gerade im Rahmen einer wenn auch unvollständigen Würdigung der Leistungen von Prof. PETERSEN notwendig, an dieser Stelle seine eigenen Worte ausführlicher zu zitieren, enthalten sie doch prinzipielle Ausführungen zur Aufgabe der Ökonomik der Landwirtschaftsbetriebe, die, wenn auch unter dem Titel „Die Bekämpfung der Ackerunkräuter" erschienen, die eindeutige Einstellung und Forderung PETERSENS zu bzw. an dieses Gebiet der Wissenschaft deutlich widerspiegeln: für den Praktiker grundsätzliche Klarheit schaffen, aber keine Rezepte formulieren, die es nicht geben kann, da das Leben und damit auch die Bedingungen der landwirtschaftlichen Praxis viel zu vielfältig sind. Oder wie er in seinen Vorlesungen zu seinen Studenten zu sagen pflegte: „Merken Sie sich, daß es in der Praxis keine Schemata und keine Rezepte gibt, sondern alles von 0 bis 100% je nach den Umständen und Bedingungen gehen kann!"

Wir wissen, in PETERSENS Sinne zu handeln, wenn wir im Zusammenhang mit seinen Arbeiten über die betriebswirtschaftlich richtige Unkrautbekämpfung auf O. WEHSARG verweisen, den PETERSEN hinsichtlich der biologischen Grundlagen der betriebswirtschaftlichen Bekämpfung von Ackerunkräutern als seinen Lehrer bezeichnet und dessen Werk „Ackerunkräuter" in zweiter, von PETERSEN gründlich und liebevoll überarbeiteter Auflage bereits vor einigen Jahren erschien, während die 3. Auflage z. Z. von ihm vorbereitet wird.

Die großen Verdienste PETERSENS auf dem Gebiet des Grünlandes sind anläßlich seines 60. Geburtstages bereits an anderer Stelle[1] ausführlich behandelt worden.

Hier sollen nur noch einmal seine Werke „Die Gräser als Kulturpflanzen und Unkraut auf Wiese, Weide und Acker" sowie „Klee und Kleeartige" hervorgehoben werden, die mehrere Auflagen erlebten und in denen tiefgründige botanische, pflanzenphysiologische und pflanzensoziologische Studien in beispielhafter Kombination mit prinzipiellen betriebsökonomischen Kenntnissen und Erkenntnissen ihren Niederschlag fanden. Sie sind letztlich der Ausgangspunkt für die unermüdliche Propagierung einer rationellen und hochproduktiven Weide- und Grünlandwirtschaft in unserer Praxis und für die in letzter Zeit während der bisherigen Tä-

[1] Zeitschrift für Landeskultur 1960, 1, 173—174.

tigkeit in Paulinenaue neu erarbeiteten Ergebnisse zur Schaffung von Weidezentralen und Milchviehweide-Kombination als zweckmäßigste Organisationsform der intensiven Grünlandnutzung unter sozialistischen Produktionsbedingungen.

Eine vollständige Übersicht der vielseitigen, wissenschaftlichen Tätigkeit PETERSENS ergibt sich aus der Liste seiner Publikationen, die deshalb zur Würdigung seiner Leistungen beigefügt wurde. Dazu ist jedoch anzuführen, daß sie den allgemein üblichen Konventionen nicht völlig entspricht. PETERSEN war nie darauf bedacht, neue wissenschaftliche Erkenntnisse unbedingt zunächst in rein wissenschaftlichen Publikationsorganen zu veröffentlichen, so daß es durchaus möglich war, daß wesentliche neue wissenschaftliche Erkenntnisse erstmalig im Rahmen eines Beitrages für eine Wochenzeitschrift, die sich vornehmlich an die Praxis wandte, publiziert wurden. In der anliegenden Übersicht über seine Publikationen sind auch nur diejenigen wissenschaftlichen Arbeiten aufgeführt, die etwas Neues bringen. Das gilt auch für die angeführten Anleitungen und Richtlinien für die Praxis, die aus seiner Feder stammen bzw. unter seiner Anleitung entstanden und vom Ministerium herausgegeben wurden, sowie für die Würdigungen bedeutender Wissenschaftler und Praktiker auf dem Gebiete der Landwirtschaft.

Nicht aufgeführt sind zahlreiche Stellungnahmen und Beiträge zu Tagesfragen, so wichtig sie teilweise sind, sowie unzählige Artikel, die PETERSEN insbesondere in den Jahren 1928/29 in der Zeitschrift „Der praktische Landwirt" als Chefredakteur veröffentlichte und in denen er nicht nur unermüdlich für die biologische Unkrautbekämpfung und die Umtriebsweide eintrat, sondern auch kritisch auf landwirtschaftliche Neuerscheinungen hinwies.

Eine Würdigung der Leistungen von A. PETERSEN wäre ohne ein Verzeichnis der unter seiner Anleitung gefertigten Dissertationen unvollständig. Dies sei deshalb beigefügt, nicht nur, weil es Zeugnis ablegt von der Vielseitigkeit seiner wissenschaftlichen Arbeiten und Neigungen, sondern vor allem auch, weil PETERSEN von jeher — entgegen manchmal hin und wieder anzutreffender Gepflogenheiten — nicht ein einziges Mal die dabei erzielten Ergebnisse namenlos in eigene Arbeiten einfließen ließ, sondern im Gegenteil alle diese Dissertationen durch seine Ideen und Anregungen entscheidend befruchtet wurden und er einen großen Teil seiner Arbeitskraft der Arbeit mit seinen Doktoranden widmete.

Für den an einer chronologischen Schilderung des Lebensablaufes von Asmus PETERSEN interessierten Leser verbleibt uns die Aufgabe, die wichtigsten Stationen in seinem vielseitigen Wirken kurz zu umreißen.

Als 6. Kind eines Mittelbauern in Kemphye (Kreis Flensburg) geboren, stammt PETERSEN nicht nur aus der Landwirtschaft, sondern von frühester Kindheit an hieß es für ihn, im elterlichen Betrieb fest mit anzupacken. So lernte er die landwirtschaftliche Praxis, mit der er heute noch auf das engste verbunden ist, genau kennen. Als Werkstudent studierte er später an der damaligen Landwirtschaftlichen Hochschule in Berlin und wurde dort 1. Assistent von AEREBOE. Einige Zeit darauf war er bereits Privatdozent, wobei diese Tätigkeit damals in

erster Linie seinem Drang zur wissenschaftlichen Arbeit und dem ausgeprägten Sinn für die Lehrtätigkeit entsprach, nicht jedoch für einen Lebensunterhalt ausreichte, so daß er diesen durch Gutachten, Tätigkeit als Taxator und durch Arbeit an Redaktionen von Zeitschriften sichern mußte. Im Jahre 1934 wurde er auf Grund seiner wissenschaftlichen Leistungen als Professor mit Lehrstuhl für das Gebiet der Landwirtschaftlichen Betriebslehre an die Universität Jena berufen.
Im Jahre 1944 folgte er dem gleichen Ruf an die Universität Rostock, an der eine Landwirtschaftliche Fakultät zu diesem Zeitpunkt gerade erst im Entstehen war und, bedingt durch die Kriegsjahre, kaum zur Entwicklung kam. Drei Faktoren dürften es gewesen sein, die PETERSEN zur Annahme dieses Rufes bewegten: einmal die Möglichkeit, an die Quellen und Objekte von THÜNENS „Isoliertem Staat" unmittelbar heranzukommen, mit dem er sich die Jahre zuvor ja intensiv auseinandergesetzt hatte, sowie der mit der Berufung verbundene Auftrag, ein THÜNEN-Archiv aufzubauen; zum anderen die Möglichkeit, öfter sein geliebtes Plattdeutsch sprechen zu können und Wirken und Umwelt Fritz REUTERS näher kennenzulernen, dem seine besondere Liebe gilt; nicht zuletzt dürften sicher auch der Grünlandanteil des Mecklenburger Landes und die sich daraus ergebenden Möglichkeiten für seine diesbezüglichen wissenschaftlichen Neigungen Einfluß auf diese Entscheidung gehabt haben.
Nach Kriegsende stand Prof. PETERSEN jahrelang beim Wiederaufbau oder, besser gesagt, bei der Errichtung einer Landwirtschaftlichen Fakultät der Universität Rostock an führender Stelle. Ab 1946 übte er mehrere Jahre hindurch das Amt des Dekans dieser Fakultät aus und hatte entscheidenden Anteil daran, daß sich die Rostocker Landwirtschaftliche Fakultät nicht nur schnell zu einer allgemein anerkannten Landwirtschaftlichen Hochschulbildungsstätte entwickelte, sondern auch durch ihre fortschrittliche Richtung bekannt wurde. Vor allem PETERSEN war es, der durch die Qualität seiner Vorlesungen und sein kompromißloses Eintreten für die sozialistische Entwicklung maßgeblich nicht nur das Gesicht der Fakultät bestimmte, sondern vielen der damals noch suchenden und durch ihre Kriegserlebnisse mißtrauischen Studenten eine klare Perspektive zeigte.
Die Entwicklung der Rostocker Landwirtschaftlichen Fakultät ist ebenso eng mit dem Namen von Prof. PETERSEN verknüpft wie die Entwicklung vieler seiner ehemaligen Studenten, die heute die verschiedensten verantwortlichen Funktionen in Wissenschaft, Praxis und Staatsapparat ausüben und die nicht nur ihr fachliches Fundament durch PETERSEN erhielten, sondern auch bei der Heranbildung einer klaren und parteilichen gesellschaftspolitischen Grundeinstellung von seiner Seite stark gefördert und positiv erzogen wurden.
Daß PETERSEN ständig eng mit der landwirtschaftlichen Praxis verbunden war, aus ihr schöpfte und mit Begeisterung gerade vor Praktikern immer wieder gerne spricht, bedarf sicher keiner besonderen Betonung mehr. Aber er ist nicht nur mit der Praxis eng verbunden, sondern zugleich selbst ein routinierter Praktiker, wie die schnelle Aufwärtsentwicklung des Paulinenauer Versuchsbetriebes zeigt, dessen Organisation und Leitung sich PETERSEN weitestgehend selbst vorbehält. Unter seiner wissenschaftlichen Leitung hat sich das Institut für Grünland-

und Moorforschung Paulinenaue mit dem dazugehörigen Betrieb stürmisch entwickelt und in der kurzen Zeit seines Bestehens nicht nur eine Reihe wichtiger Ergebnisse hervorgebracht, sondern auch bereits stark fördernd auf die breite Praxis der Grünlandbewirtschaftung in der Deutschen Demokratischen Republik gewirkt. PETERSENS Schaffenskraft und Ideenreichtum, gepaart mit seinen umfassenden Kenntnissen und seiner Fähigkeit, ein Kollektiv zu begeistern, dürften die Voraussage erlauben, daß das von ihm geleitete Institut in nicht sehr ferner Zeit zum Mekka der Grünlandbewirtschaftung für Theoretiker und Praktiker werden wird.

Das Bild über A. PETERSEN soll durch eine kurze Schilderung einiger seiner hervorstechendsten persönlichen Eigenschaften abgerundet werden, die wir in der Zusammenarbeit mit ihm während unserer Studien- und Assistentenzeit so nachhaltig und beeindruckend erleben konnten.

An erster Stelle ist dabei PETERSENS kameradschaftliches Verhältnis zu seinen Studenten und Mitarbeitern zu nennen, für die er stets, trotz noch so vieler Obliegenheiten, Zeit hatte, wenn sie mit Fragen, Ideen oder auch persönlichen Sorgen zu ihm kamen, und für die er — bei Wahrung aller Autorität — nicht allein der hochgeachtete Professor, sondern vor allem der Freund und Berater Asmus war.

Bekannt ist auch die Gastfreundschaft des Hauses Petersen, die trotz häufig sehr großer Belastungen jedem zuteil wird, der das Heim Petersen aufsucht; und daß das nicht wenige sind, mag schon der Umstand erhellen, daß PETERSEN es liebt, möglichst viele Studenten und Assistenten zur Diskussion über ein bestimmtes Problem bei sich zu sehen, gleich ob es sich um die Durchsprache von Dissertationsentwürfen oder um in den Vorlesungen, auf Exkursionen bzw. in der Praxis neu aufgetretene Probleme handelt. In diesen von uns oft erlebten und oft Nächte hindurch dauernden Diskussionen gab es nicht nur einen echten und häufig leidenschaftlichen Meinungsstreit zu den aufgeworfenen Fachproblemen, sondern meistens führten sie auch auf andere Gebiete. Und immer wieder erwies sich dabei die große und wohlfundierte Allgemeinbildung PETERSENS, sowohl auf dem Gesamtgebiet der Landwirtschaftswissenschaften als auch darüber hinaus in gleicher Weise auf den Gebieten der Kunst und Literatur. Durchaus erwähnenswert ist die ausgeprägte schriftstellerische Ader und Begabung PETERSENS. Die von ihm verfaßten Gedichte und Prosastücke hinterließen bei allen, denen er sie einmal vortrug — was nicht oft geschah — einen nachhaltigen Eindruck. Leider war er bisher nicht zu bewegen, sie zu veröffentlichen.

Nicht unerwähnt bleiben darf schließlich die geradezu bereits sprichwörtliche rethorische Begabung PETERSENS. Seine Vorlesungen waren bei uns Studenten nicht nur wegen ihres Inhalts, sondern auch wegen ihrer bei aller Leidenschaftlichkeit des Vortrages klaren Logik besonders beliebt. PETERSEN spricht grundsätzlich sowohl in Vorlesungen wie auch bei bedeutsamen wissenschaftlichen Tagungen oder sonstigen Veranstaltungen frei, bereitet sich aber gerade deshalb mit äußerster Gründlichkeit auf jede Vorlesung und jeden Vortrag vor.

Auch versteht er es in vorbildlicher Weise, in der ihm zur Verfügung stehenden Zeit im Rahmen eines Vortrages das Wesentliche des Themas klar herauszuarbeiten und eigentlich immer, die an seine Vorträge geknüpften hohen Erwartungen zu erfüllen.

So zeigt sich uns in A. PETERSEN die profilierte Persönlichkeit eines Wissenschaftlers, dessen Arbeiten und Erfolge vor allem auf drei Faktoren begründet sind: auf unermüdlichem vorwärtsstrebendem Tatendrang, auf unerschöpflichem Ideenreichtum und auf einem tiefgründigen Wissen, das durch unablässiges Studium ständig erweitert wird.

Wir alle wünschen dem Jubilar, dem anläßlich seines 60. Geburtstages mit der Verleihung des Ehrendoktorats durch die Landwirtschaftliche Fakultät der Universität Rostock und des Vaterländischen Verdienstordens in Silber durch die Regierung der Deutschen Demokratischen Republik erneut hohe Ehrungen zuteil wurden, daß er noch viele Jahre bei Gesundheit und voller Schaffenskraft tätig sein kann, um die vor dem Plenum der Deutschen Akademie der Landwirtschaftswissenschaften zu Berlin von ihm vor kurzem selbst skizzierten Perspektivprobleme der Grünland- und Moorforschung erfolgreich und umfassend lösen zu können.

Zugleich sei Asmus PETERSEN auch an dieser Stelle für all das gedankt, was er in den vergangenen Jahrzehnten der Wissenschaft, seinen Studenten und Schülern und vor allem der Praxis gab.

K. DYHRENFURTH — E. RÜBENSAM

Verzeichnis der Veröffentlichungen von Prof. Dr. Dr. h. c. A. PETERSEN

1. Die Taxation von Wiesenländereien auf Grund des Pflanzenbestandes. Mit Ausblicken auf die Taxation von Ackerländereien auf Grund der wiesenartigen Pflanzenbestände des Ackerrandes. 1927, 103 S., Berlin, Verl. Reinhold Kühn
2. Die Taxation von Ackerländereien auf Grund des natürlichen Pflanzenbestandes von Ackerland und Ackerrand. 1930, 142 S., Berlin, Verl. Reinhold Kühn
3. Grundlagen zu einer Reichsbonitierung der landwirtschaftlichen Kulturböden Deutschlands. 1934, 151 S., Berlin, Verl. Reinhold Kühn
4. Klee und Kleeartige als Futterpflanzen auf Acker, Wiese und Weide. 1935, 97 S., Berlin, Verl. Reinhold Kühn
5. Die fundamentale Standortslehre Johann Heinrich von THÜNENS, wie sie bisher als Intensitätslehre mißverstanden wurde und was sie wirklich besagt. 1936, 19 S., Jena, Verl. Gustav Fischer
6. Die Gräser als Kulturpflanzen und Unkräuter auf Wiese, Weide und Acker. 1936, 222 S., Berlin, Verl. Reinhold Kühn
7. THÜNENS isolierter Staat. Die Landwirtschaft als Glied der Volkswirtschaft. 1944, 199 S., Berlin, Verl. Paul Parey
8. Die Aufgaben der THÜNEN-Forschung. In: Kieler Vorträge, gehalten im Institut für Weltwirtschaft an der Universität Kiel. 1944, 24 S., Jena, Verl. Gustav Fischer
9. Johann Heinrich von THÜNEN — Eine zeitgemäße Einleitung zu seinem Werk für Studenten der Rechts-, Staats- und Volkswirtschaftslehre. 1944, 16 S., Rostock
10. Schulungsrichtlinien und Arbeitsanweisung zur Ackerbodenschätzung in Mecklenburg-Vorpommern. Herausgeg. v. Ministerium f. Landwirtschaft Schwerin, 1949
11. Sicherung der Futtergrundlage im Zweijahrplan. Vortrag auf der Hauptversammlung der Deutschen Landwirtschafts-Gesellschaft, Leipzig 1949. Arb. Dt. Landwirtsch.-Ges. N. F. 1949, **6**, 29—49
12. Die Gräser als Kulturpflanzen und Unkräuter auf Wiese, Weide und Acker. 1949, 2. Aufl., 225 S., Berlin, Akad.-Verl.
13. Die neuere Rostocker THÜNEN-Forschung. Abh. Dt. Akad. Wiss. Berlin 1950, **1**, 20 S.
14. Die Einrichtung der Fruchtfolge. In: Anleitung für den praktischen Landwirt. Herausgeg. v. Ministerium f. Landwirtschaft Schwerin, 1950, H. 2, 16 S
15. Dem Unkrautforscher Otto WEHSARG zum 85. Geburtstag. Mitt. Dt. Landwirtsch.-Ges. 1950, **7**, 244—246
16. Johann Heinrich von THÜNEN als Bahnbrecher auf dem Gebiet der landwirtschaftlichen Taxationslehre. Mitt. Dt. Landwirtsch. Ges. 1950, **7**, 223—225
17. Die Bekämpfung der Ackerunkräuter durch die Kulturmaßnahmen des jeweiligen Anbau- und Betriebssystems. Eine Weiterentwicklung der AEREBOEschen Zonen

der Unkrautbekämpfung (nebst einem Anhang über die Ackerunkräuter als Zeigerpflanzen). 1951, 82 S., Berlin, Akad.-Verl.

18. Schulungsrichtlinie und Arbeitsanweisung zur Grünlandbewertung. Ausgearbeitet vom Grünlandkollektiv der Universität Rostock. Herausgeg. v. Ministerium f. Land- und Forstwirtschaft d. DDR, 15. 2. 1951
19. Die neue Rostocker Grünlandschätzung. Abh. Dt. Akad. Wiss. Berlin 1951, **1**, 20 S.
20. Albrecht Daniel THAER. Eine kritische Würdigung zu seinem 200. Geburtstag. Sitz.-Ber. Dt. Akad. Landwirtsch.-Wiss. Berlin 1952, **1**, H. 4, 25 S.
21. Landwirtschaftliche Betriebslehre: Johann Heinrich von THÜNEN, Friedrich AEREBOE. In: KEUNE: Männer, die Nahrung schufen. 1952, Landbuchverl. Hannover, 27—51, 516, 551.
22. Die Gräser als Kulturpflanzen und Unkräuter auf Wiese, Weide und Acker. 1953, 3. Aufl. 273 S., Berlin, Akad.-Verl.
23. SCHULTZ-LUPITZ und sein Vermächtnis. Abh. Dt. Akad. Wiss. Berlin 1953, **1**, 37 S.
24. Alexander von LENGERKES Werke. Zum 100. Todestage LENGERKES am 23. 7. 1953. Eine bisher unausgeschöpfte Quelle der Agrarforschung. Forsch. u. Fortschr. 1954, **28**, H. 4, 108—112
25. Die landwirtschaftlichen Produktionszonen als Grundlage der Agrarplanung. Vortrag, gehalten auf der Festsitzung und wissenschaftlichen Tagung anläßlich des zweijährigen Bestehens der Deutschen Akademie der Landwirtschaftswissenschaften zu Berlin. Ber. u. Vortr. Dt. Akad. Landwirtsch.-Wiss. Berlin I/1953, 23 S.
26. Die Gräser als Kulturpflanzen und Unkräuter auf Wiese, Weide und Acker. 1954, 4. Aufl., 290 S., Berlin, Akad.-Verl.
27. Zum 80. Geburtstag Professor Dr. Richard KRZYMOWSKIS. Auszug aus einer Rede, gehalten am 5. September 1955. Wiss. Z. Univ. Rostock, math.-naturwiss. R. 1954/55, **4**, H. 3, 109—111.
28. Programmatische Ausführungen über eine erweiterte Anwendung des Kleegrassystems und des sideralen Systems. Abh. Dt. Akad. Wiss. Berlin 1955, **4**, 36 S.
29. Die Gründung der landwirtschaftlichen Fakultät der Universität Rostock. Wiss. Z. Univ. Rostock 1955/56, **5**, Sonderh.
30. Bodenschätzung, Rohertragsbonitierung und Meliorationsbonitierung. Sitz.-Ber. Dt. Akad. Landwirtsch.-Wiss. Berlin 1956, **5**, H. 28, 47 S.
31. Grünland. Lehrbrief für das Fernstudium. Bearb. u. herausgeg. v. Grünlandkollektiv d. Univ. Rostock 1957, **1**, 98 S., **2**, 98 S., Leipzig
32. Das Grünland in der Deutschen Demokratischen Republik. Tag.-Ber. Dt. Akad. Landwirtsch.-Wiss. Berlin 1958, **16**, 7—18
33. THÜNEN als Bodenwirt. Z. Agrargeschichte u. Agrarsoziologie 1958, **6**, 269—274
34. Zur Ertragssteigerung auf dem Grünlande (mit der ersten Darstellung der Weidekombinate). Dt. Landwirtsch. 1959, **10**, Sonderh., 36—42
35. THÜNEN. In: Handwörterbuch der Sozialwissenschaften. 1959, 389—391
36. Richtlinien für eine wasserwirtschaftliche Grundlagenerhebung in der DDR. Ausgearbeitet vom Paulinenauer Kollektiv zusammen mit Dr. WOJAHN und Dipl.-Landw. BERG 1959
37. Intensive Weidewirtschaft in rindviehstarken Großbetrieben. Grundriß für die Einrichtung von Kuhweiden in rindviehstarken Großbetrieben. Ausgearbeitet vom Paulinenauer Kollektiv zusammen mit Dr. KREIL und Dipl.-Landw. BERG. Tierzucht 1960, **14**, H. 4
38. Intensive Weidewirtschaft in rindviehstarken Großbetrieben. Grundriß der Weidezentrale für ein Milchviehweidekombinat. Ausgearbeitet vom Paulinenauer Kollektiv zusammen mit Dr. KREIL und Dipl.-Landw. BERG. Tierzucht 1960, **14**, H. 8

39. Der Paulinenauer Schlüssel zur Weideprämiierung. (Ein neuer Schlüssel zur Prämiierung der Weidebewirtschaftung) Ausgearbeitet vom Paulinenauer Kollektiv zusammen mit Dr. KREIL, Dr. WACKER, Dr. KALTHOFEN. Dt. Landwirtsch. 1960, **11**, H. 2
40. Grünland. Lehrbrief für das Fernstudium. 1960, 2. Aufl. 3 Bd., Leipzig
41. Aus den Arbeiten des Institutes für Grünland- und Moorforschung Paulinenaue über aktuelle laufende und Perspektivprobleme. Vortrag vor dem Plenum der Deutschen Akademie der Landwirtschaftswissenschaften zu Berlin, 20. 5. 1960
42. Das kleine Gräserbuch für den praktischen Landwirt und sein Berater. 120 S., Berlin, Akad.-Verl. (im Druck)
43. Der sozialistische Großbetrieb gewährleistet die systematische Nutzung unseres Grünlandes. Vortrag, gehalten anläßlich der 150-Jahr-Feier der Humboldt-Universität zu Berlin, November 1960

Verzeichnis
der unter der Anleitung von Prof. Dr. Dr. h. c. A. PETERSEN gefertigten Dissertationsschriften

ROTHE, H.: Die landwirtschaftlichen Arbeitskräfte in Thüringen. 1938, Jena

ESSER, K.: Die Gewinnbeteiligung in der Landwirtschaft. 1939, Jena

BRUHN, W.: Die Verwendbarkeit der topographischen Grundkarten in der Landwirtschaft (Mit Vorschlägen zu einer zweckentsprechenden Ausgestaltung dieser Kartenwerke). 1939, Jena

ZIEGENBEIN, G.: Die Fruchtfolgen in den Anbauzonen Thüringens. 1939, Jena

MARKS, H.: Die Berücksichtigung des jeweiligen Standes und Zustandes des Landgutes bei der Taxation von Landgütern. 1939, Jena

BRETERNITZ, O.: Landwirtschaftliche Standortskartierung der Güter Bronkow—Sadow—Lipten als positiver und kritischer Beitrag zur Kartierung landwirtschaftlicher Böden. 1940, Jena

IVERSEN, H.: Die Schätzung landwirtschaftlicher Betriebe bei dem Vermögensausgleich der Umsiedler. 1940, Jena

SEIDLER, R.: Heimische Pflanzenöle in ihrer ernährungswirtschaftlichen und volkswirtschaftlichen Bedeutung. 1941, Jena

SCHMIDLIN, G.: Arbeit und Stellung der Frau in der Landgutswirtschaft der Hausväter. 1941, Jena

HEKTOR, W.: Die Belastung der verschiedenen landwirtschaftlichen Betriebe durch die nach dem Einheitswert erhobene Grundsteuer. 1942, Jena

WOLF, P.: Die landwirtschaftliche Arbeitsverfassung in Thüringen. 1942, Jena

LEONHARDT, R.: Die Betriebsformen der Kautschukkultur auf Sumatra. 1942, Jena

SCHMIDT-TYCHSEN, M.: Über die Hilfsmittel zur Taxation von Marschweiden (Dargestellt am Beispiel des Christian-Albrechts-Kooges in Nordfriesland). 1943, Jena

SCHUSTER, O.: Der deutsche Pflanzkartoffelbau. 1943, Jena

ALSEN, H.: Die Abschätzung des Rindviehs. 1943, Jena

HOCHHEIM, G.: Die Wirtschaftsgeschichte des Rittergutes Hornsömmern (Prov. Sachsen). 1943, Jena

HOLZMEIER, W.: Die Schaffung von Reservekoppeln zur Überwindung von Trockenzeiten. 1943, Jena

UNTERSTENHÖFER, G.: Die Betriebsgrößenverhältnisse der deutschen Landwirtschaft. (Grundsätzliches, statistische Berechnungen und örtliche Erhebungen in Thüringen.) 1944, Jena

KNOF, E.: Untersuchungen über Brandschaden, Brandschadenversicherung und Brandschadenentschädigung in der Landwirtschaft. 1944, Jena

BECKER, G. W.: Die Stellung der Kartoffelbrennerei im Rahmen der Kartoffelwirtschaft und der gesamten Ernährungswirtschaft. 1944, Jena

SCHLÜTER, K.: Friedrich Gottlob SCHULZE. Ein Beitrag zur landwirtschaftlichen Betriebslehre auf lehrgeschichtlicher Grundlage. 1944, Jena

HAMEL, K. L.: Die Ertragssteigerung in der Deutschen Landwirtschaft unter dem Einfluß der Mergeldüngung. 1944, Rostock

RÜBENSAM, E.: Das Besanden der Moorwiesen und Moorweiden unter besonderer Berücksichtigung der Humusbildung durch Gräser in der Sanddeckschicht. 1950, Rostock

DAHSE, F.: Die Arbeitsproduktivität im Getreide-, Kartoffel- und Zuckerrübenanbau mit Ausblicken auf die Möglichkeiten zu ihrer Steigerung. 1951, Rostock

FUNCK, W.: Die volkswirtschaftliche, privatwirtschaftliche und arbeitswirtschaftliche Leistung von Kuhanspannungsbetrieben. 1951, Rostock

HOWITZ, C.: Die Fruchtfolgen in Mecklenburg unter besonderer Berücksichtigung ihrer Abhängigkeit vom Anbauplan. 1952, Rostock

KIESSLING, B.: Neue Wege zur Erkennung der Grünlandwasserstufen. 1952, Rostock

SCHLIEMANN, G.: Die Berücksichtigung des Klimas bei der Grünlandtaxation. 1953, Rostock

HOWITZ, H.: Die Normenarbeit der MTS auf dem Felde nach einem neuen einfachen Verfahren. 1953, Rostock

SCHULTZ, K. R.: Die agrarhistorische Entwicklung der Sandbodengemeinde-Klinken von der Eiszeit bis zur Gegenwart unter besonderer Berücksichtigung der Ertragssteigerung sowie des Bodenaufbaues. 1953, Rostock

HENNING, H.: Der Schafschwingelsamenbau in der Griesen Gegend Mecklenburgs unter besonderer Berücksichtigung der unterschiedlichen Wurzelentwicklung der Herbst- und Frühjahrsaussaat. 1953, Rostock

PAETZOLD, H.: Die Entwicklung der Landwirtschaft von Ländern verschiedener, natürlicher und ökonomischer Struktur unter dem Einfluß des Kleegrasbaues. 1954, Rostock

RAUHE, K.: Vergleichende Untersuchungen über die differenzierte Veranlagung der landwirtschaftlichen Produkte in den Kreisen Rostock, Prenzlau, Oschatz. Ein Beitrag zur Notwendigkeit der Vereinheitlichung der Differenzierung. 1954, Rostock

JANNERMANN, G.: Die Durchführung der Kostenrechnung in 4 volkseigenen Gütern nach einer verbesserten Abrechnungsmethode nebst einer kritischen Stellungnahme zu früheren Verfahren der landwirtschaftlichen Produktionskostenrechnung. 1955, Rostock

WACKER, G.: Der mehrjährige Kleegrasbau auf feinkörnigen grundwassernahen Sandböden. 1955, Rostock

GÖRLITZ, H.: Die Methoden der statistischen Ernteerhebungen und ihre Zuverlässigkeit. 1955, Rostock

WOJAHN, E.: Ein Beitrag zur Wechselnutzung auf Niedermoor (Ihre Vorteile, der optimale Grundwasserstand und die beste Ansaatmethode des Kleegrasgemenges). 1955, Rostock

KASDORFF, K.: Frühjahrsfrüh- und Spätherbstweide. 1955, Rostock

DYHRENFURTH, K.: Das Bodengesetz in der Kritik der Klassiker des wissenschaftlichen Sozialismus (Darstellung und Interpretation). 1955, Rostock

SOMMER, J.: Die Organisation der Futterwirtschaft und der Nutzviehhaltung im mitteldeutschen Trockengebiet. 1955, Rostock

SEFKOW, G.: Untersuchungen, Erfahrungen und Theorien über die Tiefkultur bzw. über die Vertiefung der Ackerkrume in den letzten 150 Jahren, kritische Auswertung der Ergebnisse zu Vorschlägen für die Praxis und die Anlage von Tiefkulturversuchen. 1956, Rostock

HOFMANN, H.: Die Entwicklung der Mineraldüngeranwendung. 1956, Rostock

SCHILLING, D.: Die ökonomische Bedeutung der Gütevorschriften für landwirtschaftliche Erzeugnisse unter besonderer Berücksichtigung der Beziehungen zwischen Qualität und Preis der Marktprodukte. 1956, Rostock

STRACKE, E.: Alte und neue Wege bei der Bekämpfung der Grünlandunkräuter. 1956, Rostock

HÖRDLER, G.: Die Hebung der Brutto-Bodenproduktion in Tellow in den Jahren von 1810 bis 1850. 1957, Rostock

OTTO, W.: Die Entwicklung eines landwirtschaftlichen Großbetriebes im Klützer Winkel unter besonderer Berücksichtigung des Zeitabschnittes von 1934/35—1955. 1957, Rostock

HEIN, H.-O.: Die landwirtschaftliche Mechanisationstechnologie. 1957, Rostock

WETZEL, M.: Der Futterroggen, die Futterroggengemische und die sonstigen Futtergemische des Winterzwischenfutterbaues als Lieferanten von Futter und Wurzeln. 1957, Rostock

PANK, U.: Über die Arbeit der Landfrauen als werktätige Einzelbäuerin, als Genossenschaftsbäuerin und als Landarbeiterin. 1957, Rostock

MÖLLER, H.: Die Mechanisierung der Pflegearbeiten auf dem Dauergrünland. 1957, Rostock

SEEMANN, H. J.: Die Produktivitäts-Getreideeinheit, ein Ertragsmaßstab zur Messung der Arbeitsproduktivität in der Landwirtschaft. 1958, Rostock

THÖNS, H.: Beiträge zur Luzernefrage. 1958, Rostock

LEHMANN, C. C.: Der Anbau von mehrjährigen Leguminosen und Gramineen im ostbrandenburgischen Trockengebiet auf leichten Böden und dessen Einfluß auf die dortige Futterwirtschaft. 1958, Rostock

STREUBER, G.: Die Nettobodenproduktion typischer Sandbodenbetriebe und Möglichkeiten zu ihrer Steigerung durch standortgerechte Bewirtschaftung. 1959, Rostock

BUHTZ, E.: Über den Einfluß des Standorts, der Düngung und der Witterung auf die Höhe und Qualität der Wiesenheuerträge im Gebiete des Harzes und des Thüringer Waldes. 1960, Rostock

E. RÜBENSAM[1]

Über die Hebung der Bodenfruchtbarkeit in den Produktionsgebieten mit leichten Böden

Der Boden als wichtigstes Produktionsmittel der Landwirtschaft unterliegt wie jeder andere Naturkörper einer gesetzmäßigen Entwicklung. Unter dem Einfluß der Nutzung durch den Menschen kann die Fruchtbarkeit der Böden verbessert, aber auch verschlechtert und sogar für lange Zeit völlig zerstört werden. In den sozialistischen Landwirtschaftsbetrieben muß die Bodennutzung so gestaltet werden, daß die Bodenfruchtbarkeit bei kontinuierlicher Steigerung der Ernteerträge und der Arbeitsproduktivität systematisch verbessert wird.

Im Vergleich zu den feinerdereicheren tonigen und lehmigen Böden haben die Sandböden größtenteils von Natur aus einen schlechteren Fruchtbarkeitszustand, da sie weniger Wasser und Nährstoffe zu speichern vermögen. Nur in niederschlagreichen Gebieten mit günstiger Niederschlagsverteilung bzw. hohem Grundwasserstand gibt es ertragssichere Standorte auf Sandböden. Die „Regensandböden", wie PETERSEN [1] alle grundwasserfernen Sandböden charakterisiert, sind gegenüber den feinerdereicheren Böden auch noch wesentlich ärmer an organischen Sorptionsträgern, die meisten sind ausgesprochen humusarm. Die starke Durchlüftung bewirkt eine schnelle Mineralisierung aller organischen Substanzen. Weitere Besonderheiten der Sandböden sind:

1. Der Anteil an Quarzkörnern (Verwitterungsendprodukten) ist groß und die Nährstoffnachlieferung daher gering.
2. Der Unterboden ist häufig sehr sauer, z. T. auch die Krume, deshalb treten dann auch freies Aluminium und andere pflanzenschädigende Stoffe auf.
3. Verdichtungen sind in 20 bis 40 cm Tiefe größtenteils stark ausgeprägt.

Als Folgeerscheinungen haben wir nur eine flache Durchwurzelung (etwa 75 bis 80% aller Wurzeln befinden sich nach unseren Untersuchungen in der flachgründigen Ackerkrume) und eine große Ertragsunsicherheit auf Grund von Dürre-

[1] Prof. Dr. habil. Erich RÜBENSAM, Direktor des Institutes für Acker- und Pflanzenbau Müncheberg der Deutschen Akademie der Landwirtschaftswissenschaften zu Berlin; Professor mit vollem Lehrauftrag und Direktor des Institutes für Acker- und Pflanzenbau der Humboldt-Universität Berlin.

schäden. Diese Besonderheiten der meisten Sandböden gegenüber den feinerdereichen erschweren die Bodenverbesserung in sehr starkem Maße und schränken die Anwendung der insgesamt möglichen bodenverbessernden Maßnahmen ein. Das gilt insbesondere für den Anbau von wurzelreichen Leguminosengrasgemischen, die auf den luzerne- und kleefähigen Böden als Luzerne- und Rotkleegrasgemische die Bodenentwicklung günstig zu beeinflussen, die Bodenfruchtbarkeit zu verbessern vermögen. Im Trawopolnaja-System von WILJAMS [2], das alle bodenverbessernden Maßnahmen auf den jeweiligen Standorten in sich vereinigt, ist der Anbau mehrjähriger Leguminosengrasgemische der ausschlaggebende Bestandteil. In unseren Versuchen mit unterschiedlichem Futterpflanzenanteil in Fruchtfolgen mit sonst gleichen Hauptfrüchten und mit gleicher Düngung konnten wir auf mehreren Standorten mit unterschiedlichen Boden- und Klimaverhältnissen in der Deutschen Demokratischen Republik diese Tatsache erstmalig mit Ertragszahlen aus Dauerversuchen erhärten. Nach Ablauf der ersten siebenfeldrigen Rotationen stellte SIMON [3] u. a. fest:

TABELLE 1

Rotationsleistung in Hohenfichte/Erzgebirge 1957 bis 1959 in GE/ha

Fruchtfolge	1957	1958	1959	$\bar{x}$ rel.
1. Zweijähriges Kleegras + Zwischenfrüchte	61,4	68,8	62,1	64,1 = 118,7
2. Einjähriges Kleegras + Zwischenfrüchte	62,0	69,5	64,1	65,2 = 120,7
3. Ohne Kleegras, nur Zwischenfrüchte	60,5	63,5	61,1	61,7 = 114,3
4. Ohne Kleegras, ohne Zwischenfrüchte	49,2	59,6	53,3	54,0 = 100,0

Es handelt sich um siebenfeldrige Rotationen, in denen sich nur der Futterbau unterscheidet. Noch deutlicher als in der Leistung der Gesamtrotation spiegelt sich der bodenverbessernde Einfluß der Futterpflanzen in dieser Klimalage im Ertrag der vergleichbaren Hauptfrüchte wider, insbesondere durch die Fruchtfolge mit zweijährigem Kleegras, dessen Ertrag im zweiten Nutzungsjahr absinkt und dadurch die Rotationsleistung drückt.

TABELLE 2

Ertrag von Winterweizen und Futterrüben im Durchschnitt von 1957 bis 1959 in dt/ha und relativ

Fruchtfolge	Weizen	Rüben	Rübenblatt
1	45,2 = 125,3	746 = 116,9	258 = 133,0
2	41,4 = 114,7	764 = 119,7	237 = 122,2
3	38,6 = 104,9	739 = 116,8	236 = 121,6
4	36,8 = 100,0	638 = 100,0	194 = 100,0

Auf weniger feuchten Standorten sind die Unterschiede nicht so groß. Die bodenverbessernde Wirkung der Futterpflanzen ist aber auch dort eindeutig.

Über die besonderen Schwierigkeiten der Sandböden ohne Grundwassereinfluß brachte PETERSEN [4] in seinen „programmatischen Ausführungen über eine erweiterte Anwendung des Kleegrassystems und des sideralen Systems" zum Ausdruck: „Der grundwasserferne Regensandboden setzt zwar der landwirtschaftlichen Kultur nicht mehr so unüberwindliche Schwierigkeiten entgegen wie vor hundert Jahren, als sie noch als Schafhutung liegenbleiben mußten und bei Plaggendüngung alle paar Jahre einmal eine kümmerliche Roggenernte lieferten. Aber die Abhängigkeit von regelmäßigen Niederschlägen ist immer noch nicht überwunden." Von WILJAMS wurde sogar der Standpunkt vertreten: „Die Überführung solcher Böden in Strukturböden ohne vorherige Änderung ihrer mechanischen Zusammensetzung durch Grundverbesserungen, sondern nur durch Humusanreicherung in einer Menge, die zur Bindung genügt, erscheint als eine unverwirklichbare Sache infolge des Vorherrschens der aeroben Zersetzungsbedingungen, welche die volle Mineralisierung der organischen Reste solcher Böden bewirken."

Da es allein in der Deutschen Demokratischen Republik über 1 Million ha ackerbaulich genutzte Sandböden gibt, die über 20% der gesamten Ackerfläche umfassen, davon etwa 800000 ha bisher minderwertiger Sandböden, die von der Bodenschätzung als DS 4 bis 7 mit Ackerzahlen unter 25 eingeschätzt wurden, darüber hinaus eine ähnlich große Fläche lehmige Sandböden mit geringwertigen Zustandsstufen, haben wir in Müncheberg und einigen Versuchsstationen des Institutes die Arbeiten stark auf die Verbesserung der leichten Böden orientiert. Die bisherigen Ergebnisse zeigen bereits, daß wir uns mit der diesbezüglichen Ansicht WILJAMS nicht zufrieden geben dürfen, sondern auch die Sandböden wesentlich fruchtbarer und ertragssicherer gestaltet werden können.

Die Fruchtbarkeit der Sandböden kann ebenso wenig wie die der besseren Böden durch eine Einzelmaßnahme wesentlich verbessert werden. Zur Beseitigung der obengenannten ungünstigen Eigenschaften der Sandböden, die deren Ertragsunsicherheit bedingen, ist ein Komplex bodenverbessernder Maßnahmen erforderlich. Auf den stark sauren Böden können erst nach einer Kalkdüngung, auf den verdichteten Böden nach einer Beseitigung der Verdichtungen alle übrigen Maßnahmen zur vollen Wirksamkeit gebracht werden. Auf allen Regensandböden gilt es aber in erster Linie, das Wasserspeicherungsvermögen zu erhöhen. Da eine Zufuhr mineralischer Sorptionsträger nur in Ausnahmefällen in Frage kommt (Mergel u. a.), muß es hauptsächlich durch Humusanreicherung geschehen. In der Ackerkrume, die auf den meisten Regensandböden bisher nur eine Mächtigkeit von weniger als 20 cm hat, werden die organischen Substanzen auf Grund der starken Durchlüftung schnell mineralisiert, so daß der Humusgehalt sehr gering ist und der „Humusspiegel" schwer verbessert werden kann. Eine wesentliche Humusanreicherung ist deshalb nur in Verbindung mit einer Vertiefung der Ackerkrume zu erreichen.

Nachstehend sollen die unter unseren Bedingungen bedeutendsten Möglichkeiten der Bodenverbesserung in den Produktionsgebieten mit leichten Böden behandelt werden.

Bei der Einteilung der Deutschen Demokratischen Republik in landwirtschaftliche Produktionsgebiete [5] werden auf den leichten Böden 3 Produktionsgebiete nach den Boden- und Klimaverhältnissen des Ackerlandes unterschieden, unter Berücksichtigung des unterschiedlichen Grünlandanteils 11 Produktionsgebiete, die folgendermaßen charakterisiert wurden:

Produktionsgebiet	Überwiegende geologische Herkunft und Bodenarten (nach der Bodenschätzung)	Durchschnittliche	Jahres-	
		Ackerwertzahl	niederschläge mm	temperatur °C
1 —bcd	D, S	18	580	8,0
2 abcd	D, S (+S1)	24	550	8,2
3 abcd	D, S + S1 (+ 1S)	30	550	8,2

(a bis 15%, b 15—30%, c 30—50%, d über 50% der LN Grünland)

In den Produktionsgebieten 4 und 5 sind zwar auch noch gewisse Sandbodenanteile vorhanden (Produktionsgebiet 4 bis 30%, Produktionsgebiet 5 geringfügig) und auch in den Produktionsgebieten mit überwiegend schweren alluvialen Böden (7 bis 9), mit überwiegend Lößböden (10 bis 14) sowie mit überwiegend Gebirgsverwitterungsböden (15 bis 19) kommen insbesondere in den Randgebieten zum Diluvium ebenfalls in geringerem Umfange Sandböden vor, die im Rahmen der betreffenden Betriebe aber nicht besonders ins Gewicht fallen und deshalb hier vernachlässigt werden sollen. Im übrigen gelten die nachstehend behandelten Maßnahmen zur Bodenverbesserung auch für diese Sandböden.

Im Produktionsgebiet 1 ist auf dem größten Teil der Ackerfläche nur durch melioratives Pflügen auf 40 bis 50 cm Tiefe in Verbindung mit einer Tiefendüngung organischer Substanz und auf allen sauren Böden auch mit Kalkung eine wirksame und nachhaltige Verbesserung der Bodenfruchtbarkeit zu erreichen. Es soll keineswegs verkannt werden, daß in der Vergangenheit durch eine Reihe von Pionieren der Bewirtschaftung von Sandböden, insbesondere v. WULFFEN und SCHULZ-LUPITZ mit dem Anbau von Schafschwingel und Gründüngungslupinen in Verbindung mit einer allmählichen Ackerkrumenvertiefung eine wesentliche Verbesserung von Sandböden erreicht wurde. Ja, es wurde dadurch überhaupt erst möglich, auf den Regensandböden die bisherigen Schafhutungen und die 6- oder gar 9jährigen Roggenböden nach THAER in die intensivere Ackerwirtschaft einzubeziehen. Die Nährstoffarmut der Sandböden kann heute mit mineralischen Düngemitteln weitestgehend ausgeglichen werden, so daß die Roggen- und Kartoffelerträge vieler Sandböden in Jahren mit günstiger Niederschlagsverteilung nicht viel niedriger sind als auf feinerdereicheren Böden. Als großer Nachteil der Sandböden konnte aber die größere Ertragsunsicherheit bisher nicht überwunden werden. In Jahren mit ungünstiger Niederschlagsverteilung reichen die Wasservorräte der Sandböden nicht aus, um Dürreschäden der Kulturpflanzen zu verhindern. Nur durch Schaffung eines wasserspeichernden Horizontes in nicht mehr austrocknender Tiefe bzw. eine entsprechende Vertiefung der Ackerkrume ist die Ertragsunsicherheit der Sandböden zu beheben oder zumindest den feinerdereicheren Böden anzugleichen.

Von EGERSZEGI [6] wurden in Ungarn Versuche mit teppichartiger Einbringung mehrerer Schichten von Stallmist oder Kompost in 50 bis 60, 40 bis 50 cm Tiefe usw. angelegt und sehr günstige Ergebnisse damit erzielt. TYURIN [7] entwickelte das meliorative Pflügen leichter Böden in der Sowjetunion und konnte deren Ertragssicherheit damit wesentlich verbessern. In unserem Institut und auf zahlreichen Sandbodenstandorten der Produktionsgebiete 1 bis 3 wurden seit 1955 umfangreiche Feld- und Modellversuche angelegt und untersucht, über deren Ergebnisse RAUHE und Mitarbeiter [8], [9], [10] mehrmals berichtet haben. Auf einer internationalen Arbeitstagung über Probleme der Bodenbearbeitung in Müncheberg am 27. bis 29. August 1959 wurden die in mehreren Ländern bisher vorliegenden Ergebnisse ausgewertet. Es zeigte sich, daß auf den leichten Böden mit dem meliorativen Pflügen die besten Voraussetzungen zur Hebung der Fruchtbarkeit sandiger Ackerböden geschaffen werden können.

Unsere Versuche wurden bisher größtenteils mit dem CE-24-V (Abb. 1) durchgeführt, der die Ackerkrume fast vollständig vergräbt, und zwar in schrägen Strei-

Abb. 1: Bisher verwendeter Pflug CE-24-V

fen (Abb. 2), so daß überwiegend „toter“ Unterboden als neue Ackerkrume an die Oberfläche gelangt. Trotz dieses Mangels der Pflugarbeit konnten die Erträge durch das meliorative Pflügen im Durchschnitt von über 100 Versuchen um 25%, in Trockenjahren um 100% und mehr gesteigert, die Ertragssicherheit also wesentlich verbessert werden. Nach unseren Erfahrungen ist es am günstigsten, einen

Teil der Ackerkrume (die oberen 5 bis 10 cm) gemeinsam mit der organischen Düngung auf die Furchensohle in 40 bis 60 cm Tiefe zu legen und den Rest der Ackerkrume möglichst vollständig an der Oberfläche zu belassen. Diesen Anforderungen entspricht ein vom VEB BBG Leipzig gemeinsam mit den Mitarbeitern unserer Abteilung Ackerbau entwickelter Pflug B-185 (Abb. 3), dessen Nachschäler den oberen Teil der Ackerkrume mit dem Grün- oder Stalldung in die Furche legt und dessen Pflugkörper den Unterboden mit der verbleibenden Krume nur zur Seite schiebt, ohne zu wenden (Abb. 4). Die Anwendung dieses Pfluges läßt noch günstigere Ergebnisse erwarten als die bisher verwendeten Pflüge.

Abb. 2: Bodenprofil nach der Pflugarbeit

Durch die tiefe Einbringung organischer Substanz in die Sandböden auf 40 bis 60 cm Tiefe ist eine Humusanreicherung in relativ kurzer Zeit zu erreichen. Der tief eingepflügte Stallmist oder anderes organisches Material wird in 40 bis 60 cm Tiefe viel langsamer mineralisiert als in der flachgründigen Ackerkrume. Die mit humusarmem Unterboden „verdünnte" Ackerkrume wird aber sehr schnell wieder mit Humus aus Wurzel- und Ernterückständen sowie organischem Dünger bereichert. An der Färbung der Bodenoberfläche ist mit bloßem Auge zu erkennen, daß 5 Jahre nach der Tieffurche schon kein wesentlicher Unterschied zur benachbarten Fläche mehr vorhanden ist, die nur flach bearbeitet wurde. KÖPKE [11] konnte diese Feststellung experimentell belegen und feststellen, daß auf der meliorativ gepflügten und tiefgedüngten Fläche in 5 Jahren etwa 20% der zugeführten organischen Masse angereichert wurden, auf der normal bearbeiteten Fläche

Abb. 3: Neuentwickelter Tiefkulturpflug B-185

Abb. 4: B-185 bei der Arbeit

dagegen nur etwa 4%. Der „Humusspiegel“ stellt sich also bei Verdünnung der Ackerkrume mit humusarmem Unterboden offensichtlich sehr bald wieder auf den Ausgangswert ein, wenn eine ausreichende Menge organischer Substanz mit Wurzelrückständen und Grün- oder Stalldung zugeführt wird. Ausschlaggebend ist also die gesamte Humusmenge im Boden, eine möglichst tiefe humose Krume und nicht der „Humusspiegel“ einer flachen Ackerkrume.

Nach der tiefen Pflugfurche auf 40 bis 60 cm Tiefe (auf den Böden mit flachgründiger Ackerkrume sollte zunächst nur 40 bis 45 cm tief gepflügt werden) wird bei der Bearbeitung zu den nachfolgenden Früchten zunächst nur flach und dann all-

Abb. 5: Bodenprofil nach 5jähriger Versuchsdurchführung

mählich tiefer bearbeitet. Nach 5 Jahren ist dann wieder eine Ackerkrume von etwa 20 cm Tiefe aufgebaut (Abb. 5). Wir haben die Absicht, in den weiteren Jahren zu Hackfrüchten jeweils 5 bis 8 cm tiefer zu pflügen in Verbindung mit einer Stallmist- oder Gründüngung, so daß nach 10 bis 12 Jahren auf diesem Boden mit einer bisher nur 18 cm tiefen Krume eine Krumenmächtigkeit von 45 cm erreicht wird. Wie aus Abbildung 5 ersichtlich ist, sind es keine sehr großen Mengen humusarmen Unterbodens mehr, die in den nächsten Jahren der Ackerkrume durch das tiefere Pflügen beigemischt werden. Die Humusanreicherung dieser jetzt noch sehr humusarmen Schichten wird nach den bisherigen Ergebnissen in einem Zeitraum von 10 bis 15 Jahren möglich sein, wenn eine systematische Zufuhr von Stallmist, Kompost, Gründüngung und Wurzelrückständen erfolgt.

Zur Humusanreicherung wird auf den leichtesten Sandböden nach Möglichkeit schon vor dem Tiefpflügen ein Pflanzenbestand zur Gründüngung angebaut. Dazu hat sich bei uns ein Gemisch von Bitterlupinen, Serradella und Schafschwingel sehr gut bewährt, von dem im Aussaatjahr die Lupinen den Hauptbestand bilden, während die Serradellapflanzen zum Teil mit hochwachsen und im Spätherbst aussamen und der Schafschwingel sich unter diesem Leguminosenbestand recht gut entwickelt. Im 2. Jahr bildet dann die Serradella von den ausgefallenen Samen zusammen mit dem Schafschwingel einen sehr üppigen Bestand, der den Boden auch sehr stark mit Wurzelmasse anreichert, vor allen Dingen in der Ackerkrume. Zu einem solchen oder ähnlichen Gründüngungsbestand als Hauptfrucht auf den leichtesten Böden genügt eine normale Stallmist- oder Kompostmenge von 20 bis 25 t pro ha, die gemeinsam mit der Gründüngung möglichst im Spätherbst auf 40 bis 45 cm Tiefe eingepflügt werden sollte, um das meliorative Pflügen zur vollen Wirksamkeit zu bringen. Wenn eine Gründüngung als Hauptfrucht nicht in Frage kommt, sollte möglichst in jedem Falle eine Stoppelfrucht zu Gründüngungszwecken angebaut werden, um sie mit Stallmist oder Kompost zusammen tief einzupflügen. Je mehr Grünland in den sozialistischen Landwirtschaftsbetrieben neben dem sandigen Ackerboden vorhanden ist, wie in den Produktionstypen c und d, um so größere Mengen an Stallmist können für die tiefe Einbringung zur Verfügung gestellt werden. Soweit die Möglichkeit dazu besteht, sollte vor allen Dingen dann, wenn keine Gründüngungspflanzen vor der Tieffurche angebaut worden sind, 40 bis 50 t Stallmist pro ha eingepflügt werden. Sehr gut bewährt haben sich auch Stallmist-Torf-Komposte im Verhältnis von Stallmist zu Torf = 1 : 1 bzw. auch 1 : 2 zum Tiefeinpflügen in Sandböden. Reiner Torf hat selbst in einer Menge von 100 t pro ha bei einer Einbringungstiefe von 40 bis 45 cm fast keinen positiven Effekt gezeigt, weil er in dieser Tiefe mit dem Sand ausgetrocknet und völlig vermullt ist. Wie mir OLBERTZ mitteilte, hat sich in seinen Versuchen das Einpflügen von feuchtem Torf auf etwa 80 cm Tiefe gut bewährt, weil diese Bodentiefe in Mecklenburg nicht mehr austrocknet. Den landwirtschaftlichen Betrieben, die über landwirtschaftlich nicht nutzbare Moorvorkommen verfügen, sollte man auf jeden Fall die Beimischung von Torf zum Stallmist empfehlen, wenn die Stallmistmengen zur Durchführung des meliorativen Pflügens in Verbindung mit organischer Tiefendüngung sonst nicht ausreichen. In unseren Versuchen hat sich darüber hinaus auch das Kartoffelkraut als organisches Material zur Tiefendüngung sehr gut bewährt.

Durch eine Pflugfurche auf 40 cm Tiefe und tiefer werden die in den leichten Böden überwiegend vorhandenen Verdichtungen unter der Ackerkrume, also größtenteils in einer Tiefe von 20 bis 35 cm, vollkommen beseitigt. Die Untersuchungen ergaben, daß noch 5 Jahre nach der tiefen Pflugfurche eine vollkommene Auflockerung der ehemals verdichteten Schichten vorhanden ist, während durch die „Untergrundlockerung" nach unseren bisherigen Feststellungen nur eine sehr unvollkommene und kurzfristige Wirkung erreicht werden kann. Auf Grund der Beseitigung der Bodenverdichtungen und der Einbringung organischer Materialien in größere Bodentiefen wird die Durchwurzelung der Sandböden in starkem Maße gefördert. In einem gesonderten Beitrag dieses Heftes werden die diesbezüglichen Untersuchungen von RAUHE [12] im einzelnen dargelegt. Hervorzuheben wäre noch, daß von dem im ursprünglich sehr sauren Unterboden (p_H 4,5) vorhandenen freien Aluminium 5 Jahre nach dem meliorativen Pflügen nichts mehr zu finden war, da der Boden in dieser Zeit auf ein p_H von etwa 5,5 aufgekalkt werden konnte.

Gegen das tiefere Pflügen wird in der Literatur und auch in der Praxis häufig der Einwand erhoben, das Bodenleben würde dadurch geschädigt. Wir haben deshalb die Beeinflussung des Bodenlebens durch tiefe Bearbeitung und tiefe Düngung untersucht. In einem Modellversuch, der gemeinsam von den Abteilungen Ackerbau und Mikrobiologie auf Sandboden ausgewertet wurde (MÜLLER, G., u. RAUHE [13]), konnte in verschiedener Bodentiefe folgender Gehalt an Bodenbakterien, mikroskopischen Pilzen und Bodentieren festgestellt werden, wenn Schafschwingelwurzeln mit eingearbeitet wurden:

TABELLE 3

Bearbeitungsvarianten

Bodentiefe cm		normal		rigolt Krume oben		rigolt Krume vermischt		rigolt Krume unten	
		a	b	a	b	a	b	a	b
Bakte-rien	10	201,2	320,0	202,6	309,3	201,1	292,2	137,6	299,8
	35	30,9	125,4	48,4	219,5	56,8	183,1	134,2	261,0
	50	22,7	158,1	217,8	342,7	214,3	316,2	292,2	432,1
	65	5,1	24,3	5,2	30,7	19,3	47,5	7,6	33,2
Pilze	10		30,3		25,2		24,9		21,3
	35		16,1		29,2		19,7		30,1
	50		1,7		39,3		33,8		42,1
	65		1,7		2,3		2,2		2,3
Boden-tiere	10		7,4		4,7		2,6		2,1
	35		2,8		3,8		2,9		6,0
	50		0,5		7,9		8,1		10,1
	65		0,6		0,2		0,5		0,4

Angaben bei Bakterien:

a) Keimzahl in 1/1000 cm³ Boden auf Biomalzagarnährboden

b) Keimzahl in 1/1000 cm³ Boden auf Bodenextraktagarnährboden

bei Pilzen: in 1/1000 cm³ Boden auf Biomalzagarnährboden

bei Bodentieren: Anzahl Milben und Collembolen in 4 cm³ Boden

Aus diesen Ergebnissen ist ganz klar ersichtlich, daß in einer Bodentiefe von 50 cm mindestens die gleiche Menge an Mikroorganismen vorhanden ist wie in der Ackerkrume, wenn die Mikroorganismen dort organisches Material als Energiequelle vorfinden. In den Varianten, in denen die Ackerkrume auf 30 bis 50 cm tief vergraben wurde, sind sowohl Bakterien als auch mikroskopische Bodenpilze und Bodentiere sogar in wesentlich größerem Umfang vorhanden als in der normalen Ackerkrume. In dem gesamten durchwurzelten Bodenraum wird durch die tiefe Bearbeitung in Verbindung mit einer tiefen Einbringung organischen Materials das Bodenleben also keinesfalls geschädigt, sondern es wird ganz wesentlich bereichert.

Das meliorative Pflügen in Verbindung mit einer Tiefendüngung organischer Materialien sollte nach bisherigen Erfahrungen vor allen Dingen auf den minderwertigsten Sandböden mit Ackerzahlen etwa bis 20 angewandt werden. Im Produktionsgebiet 1 wären also in den nächsten Jahrzehnten 60 bis 80% der Ackerfläche mit dieser Methode nachhaltig zu verbessern. Nach einer solchen Tiefenbearbeitung und -düngung werden auch diese leichtesten Böden beregnungswürdig und können bei entsprechenden Voraussetzungen in eine sehr intensive Bewirtschaftung mit ertragreichem Futter- und Gemüsebau einbezogen werden. Sandböden mit sehr steinigem Unterboden müssen vor dem Einsatz von Rigolpflügen entsteint werden mit Geräten, wie sie die Industrie gegenwärtig entwickelt. Im Produktionsgebiet 2 wird nur auf 30 bis 40% und im Produktionsgebiet 3 auf 10 bis 20% der Ackerfläche die Durchführung des meliorativen Pflügens erforderlich sein.

In den Produktionsgebieten 2 und 3 wird auf den ertragssichereren Sandböden sowie lehmigen Sandböden ebenso wie auf feinerdereicheren Ackerböden die allmähliche Vertiefung der Ackerkrume in Verbindung mit einer Humusanreicherung das wichtigste Mittel zur Hebung der Bodenfruchtbarkeit sein. Nach unseren bisherigen Erfahrungen sollte die Herbstfurche zu Hackfrüchten 3 bis 5 cm tiefer als die Ackerkrume gepflügt werden. Die Erträge der Hackfrüchte können dadurch um 10 bis 20% gesteigert werden, die Erträge der danach folgenden Früchte auch bei flacherer Bearbeitung sogar um 20 bis 30%. Dieser Effekt ist zu einem großen Teil auch auf die Beseitigung der Bodenverdichtungen zurückzuführen, die sich unmittelbar unter der Ackerkrume befinden.

Eine Dauerwirkung der Krumenvertiefung ist nur zu erzielen, wenn die vertiefte Ackerkrume mit Humus angereichert wird. Auf allen luzerne- und kleefähigen Böden ist das am besten durch systematischen Anbau von Luzerne- und Kleegrasgemischen sowie Zwischenfrüchten zu erreichen. Wie sich der Kleegras- und Zwischenfruchtanbau unter feuchteren Klimaverhältnissen auf die Rotationsleistung und den Ertrag vergleichbarer Hauptfrüchte auswirken, war bereits aus Tabelle 1 und 2 ersichtlich. Auf den leichteren Böden und unter trockeneren Klimabedingungen zeigen die Rotationen mit einjährigem Kleegras und mit Zwischenfrüchten ebenfalls eine deutliche Überlegenheit gegenüber der Rotation ohne Futterbau. Zweijähriges Kleegras fällt hier natürlich ab. Daß den Luzerne- bzw. Kleegrasgemischen gegenüber reinen Leguminosen auch hier der Vorzug zu geben ist, weil sie den Boden mit wesentlich größeren Wurzelmengen bereichern, aber auch den Futterertrag erhöhen, dafür soll aus unseren umfangreichen Versuchsergebnissen in Müncheberg nur ein charakteristisches herausgegriffen werden:

TABELLE 4

Erträge von Luzerne und Luzerne-Glatthafer-Gemischen

Trockensubstanz-Ertrag des 1. u. 2. Hauptfruchtjahres

Saatmenge		1955/56		1956/57	
	kg/ha	dt/ha	relativ	dt/ha	relativ
1. Luzerne	30	119,4	100	81,0	100
2. Luzerne	27	122,6	102	92,0	114
+ Glatthafer	4				
3. Luzerne	22,5	134,1	**113**	101,7	**125**
+ Glatthafer	10				
4. Luzerne	18	127,9	107	87,3	108
+ Glatthafer	16				

Der Eiweißertrag war bei den Gemischen mit geringerem Grasanteil höher, bei hohem Grasanteil niedriger als bei reiner Luzerne. Gemisch 3 sollte unter den gegebenen Standortbedingungen also unbedingt den Vorzug haben.

Durch den Anbau reiner Leguminosen, insbesondere Luzerne und Rotklee, wird der Ertrag der ersten Nachfrucht häufig zwar günstiger beeinflußt als durch Luzerne- und Kleegrasgemische. Aus dieser Beobachtung wurde in der Vergangenheit von zahlreichen Autoren die fehlerhafte Schlußfolgerung gezogen, der Reinanbau von Leguminosen sei vorteilhafter als der Gemischanbau mit Gräsern. Dabei wurde aber nicht berücksichtigt oder gar nicht untersucht, daß Leguminosengrasgemische schon auf die zweite Nachfrucht günstiger wirken und deren Wirkung überhaupt nachhaltiger ist.

Die wurzelreichen Futterpflanzen haben auch als Zwischenfrüchte eine beachtliche bodenverbessernde Wirkung. Aus den Tabellen 1 und 2 ist das unter feuchten Klimaverhältnissen eindeutig ersichtlich. Aber auch bei durchschnittlichen Jahresniederschlägen von 540 mm, wie wir sie in Müncheberg haben, wirkt sich ein systematischer Zwischenfruchtanbau gleichermaßen günstig auf die Bodenfruchtbarkeit aus. In mehrjährigen Versuchen konnten wir nachweisen, daß der Ertrag der ersten Nachfrüchte nach Kleegraszwischenfrüchten um 20 bis 25% und nach Stoppelfrüchten 10 bis 20% höher liegt als auf den nicht mit Zwischenfrucht bestellten Flächen. Der Ertrag der weiteren Nachfrüchte wird durch die Zwischenfrüchte ebenfalls noch erhöht und durch umfangreichen Zwischenfruchtanbau die Fruchtbarkeit der Böden allmählich verbessert. Als Stoppelfrüchte auf den leichten Böden haben sich bei Juliaussaat Süßlupinen-Serradella-Gemische, bei der Aussaat Anfang August Gemische von Sonnenblumen und Serradella sehr gut bewährt. Als Mittel zur Bereicherung des Bodens ist bei befriedigenden Erträgen und geringem Saatgutaufwand auch das „Müncheberger Gemenge" gut geeignet, das sich aus Winterrübsen (auch Winterraps), Welschem Weidelgras und Sommerwicken bzw. Felderbsen im Verhältnis von 8:8:60 bis 70 zusammensetzt.

Auf sehr humusarmen Böden werden zur Anreicherung im Zusammenhang mit der Krumenvertiefung zuweilen auch Gründüngungspflanzen angebaut werden müssen, vor allen Dingen dann, wenn nicht alle Hackfrüchte einschließlich Silomais mit Stallmist versorgt werden können. Solange sich das Futter rationell im Betrieb einsetzen läßt, ist jedoch die Verfütterung der Grünmasse günstiger, weil die Wurzeln und Stoppelrückstände zumindest bei Leguminosen die Hauptwirkung haben.

TABELLE 5

Vorfruchtwirkung von Zwischenfrüchten (Lupinen + Serradella) bei Gründüngungs- und Grünfutternutzung

Grünmasse		1. Nachfrucht Kartoffeln		2. Nachfrucht Winter-roggen		3. Nachfrucht Winter-roggen		Gesamt-ertrag	
	dt/ha	dt/ha	relativ	dt/ha	relativ	dt/ha	relativ	GE/ha	relativ
Gründüngung	—	318	117	23,8	109,2	16,7	106,3	42,4	112,2
Futternutzung	166	310	114	21,0	100	16,1	102,5	46,6	123,3
ohne	—	272	100	21,0	100	15,7	100	37,8	100

Neben dem Anbau bodenverbessernder Futterpflanzen hat auf den leichten Böden, die überwiegend sehr humusarm sind, die Düngung mit Stallmist und Kompost besonders große Bedeutung. Im Gegensatz zu den Ergebnissen einiger Untersuchungen im Schwarzerdegebiet Mitteldeutschlands, z. B. am „Ewigen Roggenbau", vermochten wir auf den leichten Böden der Mark Brandenburg mit einer Stallmistdüngung, die im Rahmen von Dauerversuchen jedes zweite Jahr zu Hackfrucht gegeben wird, bei normaler NPK-Düngung nicht nur die Erträge um 20 bis 30% zu erhöhen und die Qualität der Ernteprodukte zu verbessern, sondern darüber hinaus auch den Boden wesentlich zu bereichern. So konnten z. B. der Humusgehalt, der p_H-Wert und der Nährstoffgehalt, insbesondere auch der Mg-Gehalt, schon nach 6 Jahren bedeutend erhöht werden.

Da der größte Teil der leichten Böden einen schwach bis stark sauren Reaktionszustand und häufig im Unterboden besonders niedrige p_H-Werte hat, muß mit der Vertiefung der Ackerkrume immer eine Aufkalkung des heraufgepflügten sauren Bodenmaterials einhergehen. Das ideale Kalkdüngemittel der leichten Böden ist Scheideschlamm, wenn der Transportweg von der Zuckerfabrik nicht zu weit ist, denn damit werden den Böden außer Kalk auch Phosphorsäure und Spurenelemente sowie Sorptionsträger zugeführt. Mit Rübennematoden besetzter Scheideschlamm ist in jedem Falle leichten Böden zuzuführen, auf denen keine Rüben angebaut werden. Wenn der Transportweg des Scheideschlammes zu weit ist, sollte den leichten Böden kohlensaurer Kalk in nicht zu großen Gaben (20 bis 30 dt/ha), dafür erforderlichenfalls häufiger verabfolgt werden. Im Zusammenhang mit einer Tiefenbearbeitung muß auf sehr sauren Böden z. B. vor und nach der Tieffurche mit Kalk gedüngt werden. Eine regelmäßige Kalkung sandiger Ackerböden ist aber auch unabhängig von einer tieferen Bearbeitung eine wichtige Voraussetzung zur Verbesserung ihrer Fruchtbarkeit, denn nach den Ergebnissen der systematischen Bodenuntersuchung durch die Institute für Landwirtschaftliches Versuchs- und Untersuchungswesen sind über 95% der leichten Böden sauer.

Durch die tiefere Bearbeitung wird die Gefahr der Winderosion auf den ohnehin stark erosionsbedrohten Sandböden zunächst noch erhöht. Als Erosionsschutz muß deshalb durch umfangreichen Anbau von Zwischenfrüchten erreicht werden, daß — mit möglichst kurzer Unterbrechung zwischen der Ernte der alten und dem Aufgang der neuen Kultur — das ganze Jahr über ein schützender Pflanzenbestand den Boden bedeckt. Darüber hinaus muß aber auch der Anlage von Windschutzpflanzungen in den Gebieten mit leichten Böden größere Aufmerksamkeit gewidmet werden. Vor allem auf den höchsten Kuppen und Kämmen im Gelände, die auf Grund der Erosionsschäden vielfach nur als Hutung dienen und sonst besonders ertragsunsicher sind, müßten Windschutzanlagen gepflanzt werden.

In der Perspektive werden durch Beregnung mit Abwässern und Klarwasser die leichten Böden der Produktionsgebiete 2 und 3 und nach meliorativem Pflügen auch die leichtesten Böden des Produktionsgebietes 1 in großem Umfang zu ertragssicheren Standorten umgestaltet. Dadurch wird ein umfangreicher Anbau bodenverbessernder Futterpflanzen und damit eine verstärkte organische Düngung ermöglicht, die eine weitere Hebung der Fruchtbarkeit leichter Böden bewirken. Daß leichte Böden zur Beregnung besonders geeignet sind, bedarf keiner Beweisführung. Bei Beregnungsversuchen in Müncheberg [14] konnten wir bereits mit Regengaben von 50 bis 100 mm die Erträge ganz erheblich steigern, und zwar im 5jährigen Durchschnitt bei

Futterrüben	um 21 dt/ha Trockensubstanz	auf 149 dt/ha Trockensubstanz
Kleegras	um 33 dt/ha Trockensubstanz	auf 121 dt/ha Trockensubstanz
Spätkartoffeln	um 42 dt/ha Trockensubstanz	auf 427 dt/ha Trockensubstanz
Winterweizen	um 8 dt/ha Trockensubstanz	auf 52 dt/ha Trockensubstanz

Pro mm Zusatzregen wurden mehr geerntet:

9,5 kg/ha Weizen	79 kg/ha Spätkartoffeln
32,6 kg/ha Trockensubstanz Kleegras	38,5 kg/ha Trockensubstanz Futterrüben

Aus den angeführten Beispielen der Ergebnisse unserer Arbeiten in Müncheberg dürfte eindeutig ersichtlich sein, daß durch planmäßigen Einsatz der modernen Technik zur Vertiefung der Ackerkrume und allmähliche Anreicherung der vertieften Ackerkrume mit Humus, Kalk und Pflanzennährstoffen auf der Grundlage vorhandener wissenschaftlicher Erkenntnisse und praktischer Erfahrungen die sozialistischen landwirtschaftlichen Großbetriebe auch in den Produktionsgebieten mit leichten Böden in der Lage sind, die Bodenfruchtbarkeit systematisch zu verbessern, als Voraussetzung zur Erzielung hoher und sicherer Erträge und einer hohen Arbeitsproduktivität.

ZUSAMMENFASSUNG

Die Produktionsgebiete auf leichten Böden der DDR werden charakterisiert und Möglichkeiten zur Hebung ihrer Fruchtbarkeit dargestellt:

1. Durch melioratives Pflügen auf 40 bis 50 cm Tiefe und Tiefendüngung organischer Substanz auf den leichtesten Sandböden
   a) Mit dem neuentwickelten Rigolpflug B-185 wurde die Methode vervollkommnet.
   b) Die Erträge wurden um 25%, in Trockenjahren z. T. um 100% und mehr gesteigert.
   c) Etwa 20% der zugeführten organischen Substanz konnten in den ersten fünf Jahren angereichert werden.
   d) Zur Humusanreicherung werden Gründüngung, Stallmist, Stallmist-Torf-Komposte und Kartoffelkraut tief eingepflügt.
   e) Eine tiefe Pflugfurche beseitigt die Verdichtungen.
   f) Das Bodenleben wird im durchwurzelten Bodenraum bereichert.
2. Durch allmähliche Vertiefung der Ackerkrume und Humusanreicherung auf den besseren Sand- und lehmigen Sandböden
   a) Zu Hackfrüchten wird im Herbst 3—5 cm tiefer als die Ackerkrume gepflügt.
   b) Die wurzelreichen Futterpflanzen haben als Haupt- und Zwischenfrüchte eine beachtliche bodenverbessernde Wirkung.
   c) Stallmist- und Kompostdüngung haben hier besondere Bedeutung.
   d) Der Erosionsschutz erfordert verstärkte Aufmerksamkeit.
3. Durch Beregnung mit Abwässern und Klarwasser sind leichte Böden zu ertragssicheren Standorten umzugestalten.

РЕЗЮМЕ

Характеризуются производственные области на легких почвах ГДР и указывается на возможности повышения их плодородия при помощи:

1. Мелиоративной вспашки на глубину 40—50 см и глубинного удобрения органическим веществом на самых легких песчаных почвах.
   а) При помощи новосозданного плуга для глубокой вспашки Б-185 метод был усовершенствован.
   б) Урожаи увеличились на 25%, в засушливые годы частично на 100% и больше.
   в) Примерно 20% внесенного органического вещества в первые 5 лет обогатили почву гумусом.
   г) Для обогащения гумусом глубоко запахивают сидераты, навоз, навозо торфяные компосты и ботву картофеля.

д) Глубокая вспашка устраняет уплотнения.

з) В почвенном слое, пронизанном корнями, почвенная жизнь обогащается.

2. Постепенного углубления пахотного слоя и обогащения его гумусом на лучших песчаных почвах и суглинистых песчаных почвах.

а) Под пропашные культуры пашут осенью 3—5 см глубже пахотного слоя.

б) Богатые корнями кормовые травы в качестве главной и промежуточной культур проявляют значительное почвоулучшающее действие.

в) Удобрение навозом и компостом здесь имеет особое значение.

г) Защита от эрозии требует усиленного внимания.

3. При помощи дождевания сточными водами и чистой водой легкие почвы можно преобразовать в места выращивания устойчивых урожаев.

SUMMARY

The production regions on light soils of the German Democratic Republic are characterized and possibilities of increasing their fertility are outlined:

1. Meliorative ploughing 40 to 50 cm deep and deep manuring of organic substance on the lightest sandy soils.
   a) With the newly developed deep plough B-185 the method has been improved.
   b) The yields were increased by 25%, in dry years partly by 100% and more.
   c) About 20% of the organic substance applied could be enriched during the first five years.
   d) For humus enrichment green mass, farmyard manure, composts of farmyard manure and peat, and potato haulms are deeply ploughed in.
   e) A deep furrow removes compactions.
   f) The microbial activity is enriched in the rooted soil layer.
2. Gradual deepening of the surface soil and humus enrichment on better sandy soils and loamy sands.
   a) For crops the furrow is ploughed in autumn 3—5 cm deeper than the surface soil.
   b) Forage plants rich in roots exercise as main and catch crops a considerable soil-improving effect.
   c) Farmyard and compost manuring are here of special importance.
   d) More attention has to be paid to the protection against erosion.
3. By overhead irrigation with waste and clear waters light soils can be changed into yield-reliable sites.

LITERATURVERZEICHNIS

[1] PETERSEN, A.: Bodenschätzung, Rohertragsbonitierung und Meliorationsbonitierung. Sitz.-Ber. Dt. Akad. Landwirtsch.-Wiss. Berlin 1956, **5**, H. 28

[2] WILJAMS, W. R.: Das Trawopolnaja-System der Landwirtschaft. Deutsche Übersetzung von H. JURY. 1958, Berlin, Dt. Verl. d. Wiss.

[3] SIMON, W.: Über den Einfluß des Kleegrashaupt- und Zwischenfruchtanbaues auf die Rotationsleistung verschiedener Fruchtfolgen auf besseren Böden in feuchten Lagen . . . Tag.-Ber. Dt. Akad. Landwirtsch.-Wiss. Berlin (im Druck)

[4] PETERSEN, A.: Programmatische Ausführungen über eine erweiterte Anwendung des Kleegrassystems und des sideralen Systems. Abh. Dt. Ak. Wiss. Berlin 1955, H. 1

[5] RÜBENSAM, E.: Die Standortverteilung der landwirtschaftlichen Produktion. 1959, Berlin, Dt. Bauernverl.

[6] EGERSZEGI, S.: Die Steigerung der Ertragsfähigkeit von lockeren Sandböden durch nachhaltige Melioration. Dt. Landwirtsch. 1956, **7**, 594—602

[7] TYURIN, I. W.: Die wichtigsten Untersuchungsergebnisse der Prüfung verschiedener Methoden zur Vertiefung der Ackerkrume lehmiger podsolierter Böden. Tag.-Ber. Dt. Akad. Landwirtsch.-Wiss. Berlin 1960, **28** (im Druck)

[8] RAUHE, K.: Der Einfluß bestimmter Tiefkulturmaßnahmen auf die Ertragsfähigkeit leichter Böden in Trockenlagen. Tag.-Ber. Dt. Akad. Landwirtsch.-Wiss. Berlin 1960, **28** (im Druck)

[9] RAUHE, K.: Nachhaltige Verbesserung der Ertragsfähigkeit leichter Böden durch Tiefenbearbeitungs- und Düngungsmaßnahmen. Dt. Landwirtsch. 1959, **10**, 537—542

[10] RAUHE, K., und A. KUNZE: Die Messung von Wasserdurchlässigkeit und Feldkapazität als Methode zur Beurteilung verschiedener Bodenbearbeitungsmaßnahmen. Z. Acker- u. Pflanzenbau 1958, **106**, 407—424

[11] KÖPKE, V.: Einfluß der tieferen Bearbeitung auf die chemischen Eigenschaften eines leichten Sandbodens. Tag.-Ber. Dt. Akad. Landwirtsch.-Wiss. Berlin 1960, **28** (im Druck)

[12] RAUHE, K.: Einfluß der Tiefkultur auf die Wurzelentwicklung einiger Kulturpflanzen leichter Böden. Wiss. Abh. Dt. Akad. Landwirtsch.-Wiss. Berlin 1961, **51**, 43—62

[13] MÜLLER, G., und K. RAUHE: Zur Tiefkultur auf leichten Böden im besonderen Hinblick auf die Bodenbiologie, II. Bodenbiologischer Teil. Z. Acker- u. Pflanzenbau 1957, **104**, 309—332

[14] RÜBENSAM, E., und K. STEINBRENNER: Über den Einfluß der Beregnung auf den Ertrag einiger landwirtschaftlicher Kulturpflanzen bei hoher mineralischer Düngung. Albrecht-Thaer-Arch. 1960, **4**, 507—526

K. RAUHE[1]

Einfluß der Tiefkultur auf die Wurzelentwicklung einiger Kulturpflanzen der leichten Böden

Die trockenen, grundwasserfernen Sandböden sind durch eine starke Differenzierung von Krume und Unterboden gekennzeichnet. Während die Krume durch mechanische Bearbeitung und Zuführung von organischen Substanzen mehr oder weniger gut mit Humus und Nährstoffen angereichert ist, finden wir im Unterboden fast ausschließlich äußerst ungünstige physikalische, chemische und biologische Verhältnisse vor.

Als Folge dieser scharfen Abgrenzung zwischen Krume und Unterboden ist eine sehr mangelhafte Durchwurzelung der tieferen Bodenschichten, vor allem des häufig verdichteten, nährstoffarmen A_2-Horizontes zu verzeichnen. Hieraus erklärt sich die Tatsache, daß die Hauptwurzelmasse — etwa 75 bis 85% — in der Krume gebildet wird und nur einzelne Wurzeln etwas größere Tiefen erreichen. Das geringe Wasserspeicherungsvermögen und die flache Wurzelausbildung führen in niederschlagsarmen Perioden sehr schnell zu Dürreerscheinungen. Das ist auch die Ursache für die geringe Ertragsfähigkeit und die große Ertragsunsicherheit der leichten Böden in Trockenlagen.

Eine grundlegende Veränderung dieser Eigenschaften ist nur dann möglich, wenn es gelingt, die Pflanzenwurzeln zu veranlassen, verstärkt die unteren Bodenschichten aufzusuchen. Durch eine tiefere Pflugarbeit in Verbindung mit dem Anbau tiefwurzelnder Pflanzen kann eine wesentliche Verbesserung des Unterbodens erreicht werden.

Diese Zusammenhänge hat bereits SCHULTZ-LUPITZ, der Pionier der Sandbodenbewirtschaftung, vor einigen Jahrzehnten klar erkannt. Es ist vor allem PETERSEN [1], der bei der Würdigung der großen Verdienste dieses Mannes besonders auf sein Studium der Bewurzelungsverhältnisse verschiedener Kulturpflanzen im Zusammenhang mit einer systematischen Vertiefung der Ackerkrume hingewiesen hat.

Das Hauptobjekt von SCHULTZ-LUPITZ [2] war die Lupine, deren Wurzeltiefe er bei den einzelnen Arten eingehend untersuchte. Im Vordergrund stand der

[1] Dr. habil. Kurt RAUHE
Leiter der Abteilung Ackerbau des Institutes für Acker- und Pflanzenbau Müncheberg der Deutschen Akademie der Landwirtschaftswissenschaften zu Berlin

Anbau der Lupine als Zwischenfrucht. „Mein Wirtschaftsbetrieb ist heute völlig auf diesen Zwischenfruchtbau basiert; ich treibe eine viehlose Wirtschaft. Persönlich hätte ich da wohl den Wunsch, es zu erleben, wie nach und nach auf dem früher so traurigen Heideboden meines Gutes eine Vertiefung der Ackerkrume und der Humusschicht herbeigeführt wird, welche sicherlich für das Wasservermögen des trockenen Bodens und für seine Rente von fort und fort wachsender Bedeutung werden müßte. Ich halte es für möglich, daß man auf diese Weise, wenn man namentlich Pflanzen als Zwischenfrüchte wählt, welche unten ihr ganzes Wurzelnetz auseinanderziehen, den Untergrund auf Sandboden derart bereichern kann, daß man nach vielleicht einer langen Reihe von Jahren eine Vertiefung der Ackerkrume bis zu 1 m Tiefe bewirkt, und dann ist im Sandboden die Wasserfrage gelöst, und das ist alles; denn das Wasser ist die Hauptsache."

An anderer Stelle schreibt SCHULTZ-LUPITZ [2], daß es gilt, mit der „Kunst des Ackerbaues" hinderliche Einflüsse bei der Bewurzelung der Kulturpflanzen zu beseitigen. Für eine wichtige Maßnahme hält er dabei eine allmählich tiefer werdende Pflugarbeit. So wurde in Lupitz regelmäßig alle 4 Jahre zu Hackfrüchten mit dem Dampfpflug auf 40 cm Tiefe gepflügt. Noch heute ist auf den betreffenden Feldern die Auswirkung dieser Maßnahme festzustellen.

Aus der Erkenntnis heraus, daß höhere und sicherere Erträge auf den Sandböden nur durch eine Vertiefung der Ackerkrume zu erreichen sind, begannen wir 1955 in Müncheberg mit Untersuchungen, bei denen die Frage geprüft wird, ob die Vertiefung der Ackerkrume auf den leichten Böden mit Hilfe des meliorativen Pflügens erfolgen kann. Die 40 bis 45 cm tiefe Pflugfurche wird bei einer gleichzeitigen organischen Tiefdüngung zunächst nur einmal durchgeführt, danach folgt eine flache, allmählich wieder tiefer werdende Pflugarbeit. Über diese Methode ist bereits andernorts berichtet worden, so daß sich Einzelheiten erübrigen [RAUHE, 3, 4].

Auf Grund der bisher erzielten Ergebnisse kann festgestellt werden, daß durch das meliorative Pflügen eine nachhaltige Verbesserung des Wasserhaushalts, der Struktur, der Bodennährstoffe und der bodenbiologischen Verhältnisse erzielt worden ist [RAUHE-KUNZE, 5; RAUHE-MÜLLER, 6; MÜLLER-RAUHE, 7].

In welcher Weise auch eine Veränderung in der Wurzelentwicklung der geprüften Kulturpflanzen erfolgt, soll hier etwas eingehender behandelt werden. Von den zahlreichen Untersuchungen über Wurzeltiefe, -menge und -stärke sowie Anzahl der Seitenwurzeln können jedoch nur einige wesentliche Ergebnisse dargestellt werden. Bei den Untersuchungen wurde Wert darauf gelegt, den natürlichen Verhältnissen möglichst nahe zu kommen. Die Wurzelausbildung ist in erster Linie in Feldversuchen, aber auch in Modellversuchen, vorwiegend auf leichtestem Standort, bei Roggen, Lupinen, Mais, Kartoffeln und Schafschwingel untersucht worden. Die folgenden Ergebnisse erstrecken sich ausschließlich auf Lupinen und Roggen, zwei typische Kulturen des Sandbodens, die hinsichtlich ihrer Wurzelausbildung jedoch grundsätzliche Unterschiede aufweisen.

I. Methodik

Von verschiedenen Autoren wurde bereits darauf hingewiesen, daß Wurzeluntersuchungen, speziell Mengenbestimmungen, im natürlich gewachsenen Boden mit erheblichen Schwierigkeiten verbunden sind. Besonders gilt das für die leichten Böden, weil man bei ihnen kaum in der Lage ist, unverletzte Bodensäulen zu entnehmen. Zerbröckelt eine Bodensäule oder ein Bodenblock, dann ist es bei der weiteren Verarbeitung sehr schwierig, Wurzelteile von anderen organischen Substanzteilchen zu trennen. Vergrößert werden diese Schwierigkeiten besonders dann, wenn man die Wurzelmengen jeder einzelnen Schicht getrennt voneinander entnehmen will. Andererseits hat der leichte Boden auch seine Vorteile. So kann man z. B. mit Hilfe eines Wasserstrahles das gesamte Wurzelsystem einer einzelnen Pflanze aus dem Boden annähernd vollständig herauslösen. Allerdings ist diese Methode mit einem sehr großen Arbeitsaufwand verbunden.

1. Die Nagelbrettmethode zur Wurzelmengenbestimmung

Bei gedrillten Beständen wurden in den meisten Fällen 30 cm einer Drillreihe entnommen. Je nach Drillweite (12,5 bis 20 cm) betrug somit die Flächengröße je Probe 375 bis 600 cm², bei Hackfrüchten $30 \times 30 = 900$ cm². Da vor allem auch die Mengen in den einzelnen Tiefen interessierten, wurden Unterteilungen der Bodenschichten von 0 bis 25, 25 bis 50 und unter 50 cm vorgenommen. Zur Probeentnahme wird zunächst quer zur Bearbeitungsrichtung ein Profil ausgegraben, dessen eine Seite entlang einer Drillreihe auf einer Länge von 50 cm und einer Tiefe von etwa 1,50 m gerade abgestochen wird. Um die Entnahme des Bodenziegels zu erleichtern, werden mit einer Obstbaumspritze etwa 10 bis 15 cm Boden abgespritzt. Danach wird ein Nagelbrett, wie es ROTMISTROFF [8] beschrieben hat, dagegengepreßt und nun auf der anderen Seite der Drillreihe vorsichtig mit einem Görbingspaten ein Bodenziegel abgestochen. Nach unten wird dieser Block in der Tiefe von 25 cm mit einem Blech waagerecht abgeschnitten. In der gleichen Weise erfolgt die Entnahme der nächsten Bodenziegel von 25 bis 50 cm und darunter. Haben wir es mit einem gut und reichlich durchwurzelten Boden — z. B. bei Schafschwingel — zu tun, so kann man das Nagelbrett ohne vorheriges Abspritzen der Seitenwand sofort anlegen und verfährt dann in der bereits angegebenen Weise. Der so gewonnene Bodenziegel wird dann ähnlich, wie von KÖHNLEIN-VETTER [9] beschrieben, weiterbearbeitet, d. h., er kommt in einen Siebkasten, in dem er ausgespritzt wird, oder er wird in einer Wanne so lange hin- und herbewegt, bis alle Bodenteilchen abgespült sind. Das von KÖHNLEIN-VETTER angegebene 12- bis 14stündige Einweichen der Bodenziegel in Wasser erübrigt sich bei unseren Sandböden. Die Probeentnahme erfolgt in 4- bis 6facher Wiederholung.

2. Die Stechzylindermethode zur Wurzelmengenbestimmung

Da die Nagelbrettmethode mit einem sehr beträchtlichen Arbeitsaufwand verbunden ist, andererseits dabei immer ein verhältnismäßig großer Teil der Versuchsparzellen verloren geht, gingen wir bei späteren Untersuchungen dazu über, die Proben mit 500-cm³-Stechzylindern zu entnehmen. Hierbei muß allerdings mit einer größeren Wiederholungszahl (mindestens 10 Parallelen) gearbeitet werden. Die relative Einfachheit dieses Verfahrens gestattet es auch, eine stärkere Unterteilung der Bodenschichten vorzunehmen.

Die Probeentnahme erfolgte jeweils alle 10 cm bis zu einer Tiefe von 60 cm. Die Proben wurden danach ins Labor gebracht und auf einem feinmaschigen Drahtsieb mit Leitungswasser ausgewaschen. Die Untersuchungen wurden entweder kurz vor oder nach der Ernte durchgeführt.

3. Wurzelauswaschung von Einzelpflanzen zur Bestimmung der Wurzeltiefe

Bei dieser Methode wurden Einzelpflanzen von Mais, Roggen und Lupinen in verschiedenen Vegetationsperioden mit Hilfe von Wasser vorsichtig aus dem Bodenverband herausgelöst. Dabei kam eine Obstbaumspritze vom Typ „Dux" zur Verwendung, mit der bei sorgfältiger Arbeit die einzelnen Wurzelteile durch das Ausspritzen völlig verlustlos gewonnen werden können. Auf diese Weise ist es möglich, zu jedem gewünschten Zeitpunkt die Wurzeltiefe von Einzelpflanzen zu bestimmen.

4. Herstellung von Wurzelprofilen

Es wird, wie unter 1. beschrieben, ein Profil ausgegraben. Die Wurzeln werden jedoch nicht völlig herausgelöst, sondern nur so ausgespritzt, daß man ihren Tiefgang gut feststellen und messen bzw. auch fotografisch festhalten kann.

5. Wurzeldickenmessungen

Sie wurden in erster Linie an Hauptwurzeln von Lupinen und Roggen durchgeführt, und zwar sowohl an Einzelpflanzen als auch im Bestand. Die Einzelpflanzen wurden nach der unter 3. dargelegten Methode ausgespritzt und die Hauptwurzeln in 10 cm lange Stücke zerschnitten. Bei den Dickenmessungen im Bestand benutzten wir eine Pinzette, mit der 1 bis 2 cm lange Wurzelstücke — ebenfalls von Hauptwurzeln — aus den einzelnen Schichten des Profils herauspräpariert wurden. Der Durchmesser der Wurzelenden wurde unter dem Mikroskop mit einem Okularmikrometer nach einer von KULLMANN [10] beschriebenen Methode gemessen.

II. Ergebnisse

Auf allen zur Untersuchung herangezogenen Standorten wies die unter der Krume befindliche Schicht von 25 bis 40 cm Verdichtungen auf. Messungen mit einer Rammsonde zeigten, daß der Bodenwiderstand in dieser Tiefe 4mal so groß war wie in der Krume.

Dazu kommt ein sehr geringer Nährstoff- und Kalkgehalt. Die Durchwurzelung dieser Verdichtungsschicht ist äußerst mangelhaft. Nur der Lupine als einziger der geprüften Pflanzen war es möglich, ihre Wurzeln tiefer zu schicken, alle anderen Kulturen bildeten nur ein flaches und nicht sehr dichtes Wurzelnetz aus.

1. Wurzelmengen

Obwohl gerade die Lupine in der Lage ist, mit ihrer Pfahlwurzel in kurzer Zeit auch eine stärkere Verdichtungsschicht zu durchstoßen und dadurch schneller tiefere Bodenschichten zu erreichen, konnten auch bei ihr größere Wurzelmengen nach einer Vertiefung der Ackerkrume gefunden werden. In Tabelle 1 sind Ergebnisse aus einem Modellversuch dargestellt worden, dessen Bearbeitung in Kleinparzellen (2 × 2 m²) mit dem Spaten erfolgte. Es wurden neben einer auf Krumenstärke (20 cm) gegrabenen Variante u. a. zwei auf 50 cm Tiefe bearbeitete Varianten geprüft, bei denen die Krume auf der einen Parzelle an Ort und Stelle verblieb, auf der andern jedoch in eine Tiefe von 30 bis 50 cm verlagert und dafür der Unterboden in einer Stärke von 30 cm nach oben gebracht wurde.

TABELLE 1

Wurzelmengen von Lupinen als Hauptfrucht 1957

(Aschefreie Trockensubstanz in g/900 cm²)

Bearbeitung	0—25 cm	25—50 cm	unter 50 cm	gesamt	rel.
normal	1,25	0,17	—	1,42	100
tief, Krume oben	1,29	0,43	0,13	1,85	130
tief, Krume unten	1,46	0,38	0,18	2,02	142

Aus den Zahlen geht hervor, daß die Wurzelmenge insgesamt 30 bzw. 42% höher ist, wobei in der Schicht 25 bis 50 cm auf den tiefbearbeiteten Parzellen gut doppelt so große Wurzelmassen erzeugt werden.

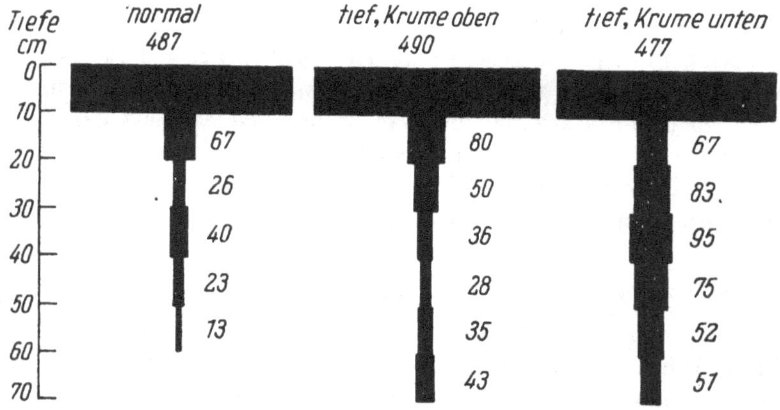

Abb. 1: Wurzelmengen von Lupinen in einzelnen Schichten in mg aschefreier Trockenmasse (untersucht am 20. 6. 1958)

Auch im Jahre 1958 erhielten wir ähnliche Ergebnisse. Hier war es besonders die Variante „Krume unten", die in den tieferen Schichten bedeutend größere Wurzelmassenleistungen aufzuweisen hatte.

Die Wurzelgewichte in den einzelnen Schichten charakterisieren bei der normal bearbeiteten Parzelle sehr deutlich den Strukturzustand des Bodens. Die in 20 bis 30 cm Tiefe am stärksten ausgeprägte Verdichtungsschicht wird nur schwach durchwurzelt, was in dem geringen Wurzelgewicht von 26 mg klar zum Ausdruck kommt. Dagegen finden wir bei der tiefbearbeiteten Variante (Krume oben) einen gleichmäßigen Übergang von der Krume zum Untergrund, wobei das

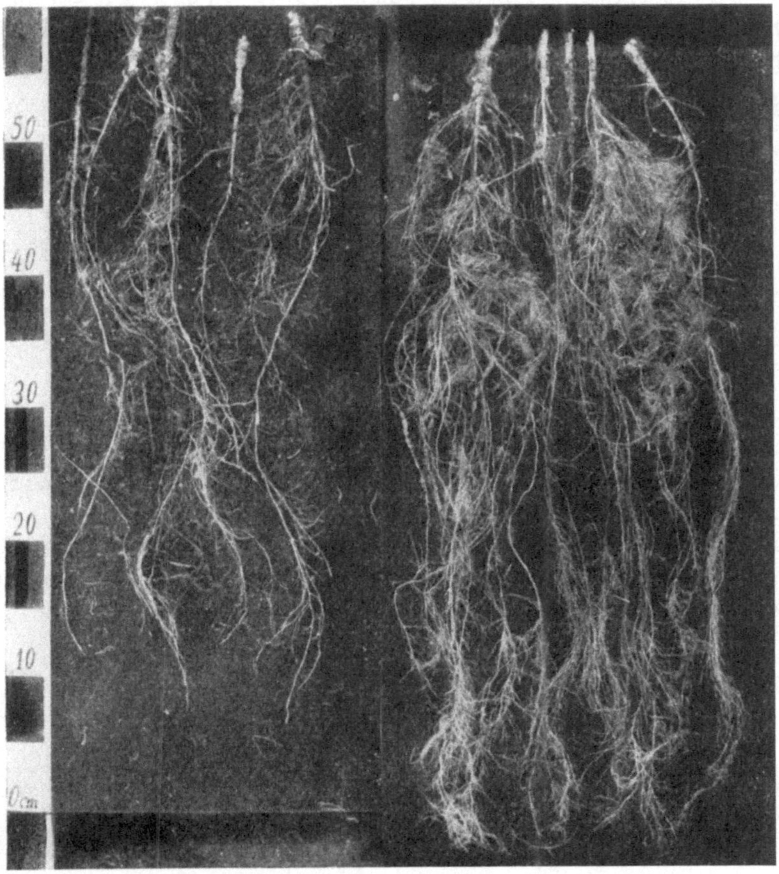

Abb. 2: Lupinenwurzeln vor der Reife; links — normal, rechts — tief

Gewicht bis zu einer Tiefe von 50 cm zunächst abnimmt. Sobald jedoch bessere Bodenschichten (A_2B_1-Schicht) erreicht werden, breiten sich die Lupinenwurzeln büschelartig aus, und die Wurzelmasse steigt wieder an. Bei der Variante „Krume unten" werden besonders in den Bodenschichten 30 bis 50 cm, welche die vergrabene Krume enthalten, im Gegensatz zu den anderen Bearbeitungsvarianten sehr hohe Wurzelmassen gebildet.

Was die Entwicklung insgesamt betrifft, so steht fest, daß nach tiefer Bearbeitung in den unteren Schichten nicht nur höhere Wurzelmassen erzeugt werden, sondern

daß sich auch der gesamte durchwurzelte Bodenraum vergrößert und vertieft, wobei auf den leichten Böden oft die in größeren Tiefen auftretenden Eisenschleier im Übergang zum Illuvialhorizont erreicht werden.
Auch bei den als Stoppelfrucht angebauten Lupinen konnte in einem Feldversuch die Überlegenheit der Tiefenbearbeitung nachgewiesen werden. Wir hatten schon in früheren Untersuchungen über den Einfluß der Stoppelbearbeitung auf verschiedene Zwischenfrüchte feststellen können, daß die Lupinen gut auf eine tiefere Bodenbearbeitung reagieren (RAUHE [11]). Die folgende Tabelle bringt eine Untersuchung aus dem Jahre 1957.

TABELLE 2

Wurzelmengen von Lupinen als Stoppelfrucht 1957

(Aschefreie Trockensubstanz in g/354 cm²)

Bodenschicht in cm	Pflugtiefe 20 cm		Pflugtiefe 40 cm	
	abs.	rel.	abs.	rel.
0—20	2,46	100	3,14	128
20—50	0,44	100	0,63	143
unter 50	0,25	100	0,30	120
insgesamt	3,15	100	4,07	129

Durch die Tiefkultur sind in allen untersuchten Bodenschichten größere Wurzelmengen erzeugt worden. Auch hier war die Erhöhung des Wurzelgewichts in der verdichteten Schicht am stärksten.
Gleiche Untersuchungen an Winterroggen zeigten, daß die Büschelwurzler, im Gegensatz zu den Pfahlwurzlern, nach einer Auflockerung der Verdichtung und Verbesserung des Unterbodens relativ noch größere Wurzelmengen bilden.

TABELLE 3

Wurzelmengen von Winterroggen 1956

(Aschefreie Trockensubstanz in g/375 cm²)

Bodenschicht in cm	Pflugtiefe 20 cm		Pflugtiefe 40 cm	
	abs.	rel.	abs.	rel.
0—25	4,32	100	5,13	119
25—50	0,88	100	2,38	270
unter 50	—	—	1,37	—
insgesamt	5,20	100	8,88	171

Während bei Lupinen der Wurzelertrag insgesamt um 30—40% gesteigert wurde, betrug die Steigerung beim Winterroggen, wie aus Tabelle 3 hervorgeht, 71%. In der Krume waren nur geringe Unterschiede vorhanden, jedoch wurde die Wurzelmenge in der Schicht von 25 bis 50 cm fast verdreifacht. In der Tiefe von mehr als 50 cm konnten nach normaler Bearbeitung überhaupt keine Wurzeln mehr festgestellt werden, dagegen war hier die Wurzelmasse auf der tiefgepflügten

Parzelle noch wesentlich höher als in der ungelockerten Verdichtungsschicht nach 20 cm tiefer Furche.

2. Wurzeltiefe

Aber nicht nur die Wurzelmenge, auch der Wurzeltiefgang hat eine wesentliche Veränderung bei allen geprüften Kulturpflanzen erfahren, wie aus Tabelle 4 hervorgeht. Es handelt sich hier um Untersuchungen, die zur Zeit der Ernte durchgeführt wurden, im Gegensatz zu den nachfolgenden Ergebnissen, die von periodischen Untersuchungen während der Vegetation berichten und den Wachstumsrhythmus zeigen.

TABELLE 4

Maximale Wurzellänge einiger Kulturpflanzen 1956 bis 1957
(Mittelwerte von je 3 Untersuchungen)

Kulturpflanze	20 cm Pflugfurche		45 cm Pflugfurche	
	cm	rel.	cm	rel.
Winterroggen	49	100	76	155
Lupinen	74	100	92	124
Mais	47	100	66	140
Kartoffel	48	100	62	129
Schafschwingel	54	100	80	148

Die durchschnittliche Wurzellänge geht bei den geprüften Pflanzen kaum über 50 cm hinaus, während die Wurzeln der gelben Lupine mit 74 cm Länge am tiefsten in den Boden eindringen. Je nach der örtlichen Beschaffenheit des Untergrundes (Lehm- und Eisenschleier) wurden bei den Messungen vereinzelt auch größere Tiefen festgestellt. Aus den Tabellenwerten geht jedoch hervor, daß die von ROTMISTROFF [8] angegebene Tiefenentwicklung von 1,30 m bei Wintergetreide und die von SCHULZE [12] gefundene von 1,94 m auf geringen Sandböden von allen geprüften Kulturpflanzen nicht erreicht wird.

Durch die Tiefkultur erfolgte besonders bei Winterroggen und Schafschwingel, aber auch bei Mais eine starke Zunahme des Längenwachstums der Wurzel (40 bis 55%), dagegen betrug diese bei Lupinen erwartungsgemäß nur 24%. In etwa der gleichen Reihenfolge bewegten sich auch die durch das meliorative Pflügen erzielten Mehrerträge an oberirdischer Substanz. An erster Stelle stand stets der Winterroggen mit einer durchschnittlichen Ertragssteigerung von 30%.

Wurzellängenuntersuchungen wurden bei Sommerroggen auch während der Vegetationsperiode im Modellversuch durchgeführt. Hierbei kamen wir zu ähnlichen Ergebnissen.

Bei diesem Versuch war uns zunächst daran gelegen, zu erfahren, wie die Pflanzenwurzeln auf eine Auflockerung bzw. radikale Umlagerung der einzelnen Bodenschichten reagieren würden. Am Pflanzenwuchs konnte beobachtet werden, daß bei einem völligen Vergraben der Krume die Entwicklung zunächst nur spärlich vor sich ging. Hierzu wurden auch einige Zwischenernten der oberirdischen Substanz durchgeführt, deren Ergebnisse in der folgenden Tabelle wiedergegeben werden.

TABELLE 5

Grünmasseerträge von Sommerroggen 1957

Bearbeitung	Tag der Probeentnahme					
	9. 5. Trockenmasse		20. 5. Trockenmasse		6. 6. Trockenmasse	
	dt/ha	rel.	dt/ha	rel.	dt/ha	rel.
normal	0,21	100	2,26	100	7,57	100
tief, Krume oben	0,24	114	3,19	141	10,73	142
tief, Krume unten	0,13	62	2,06	91	11,14	147

Die Zwischenernte am 9. Mai zeigt sehr eindeutig, wie stark die Grünmassebildung auf der Parzelle „Krume vergraben“ hinter den anderen Parzellen zurückbleibt. Mit 0,13 dt/ha Trockenmasse ist im Vergleich zur Parzelle etwa nur die Hälfte gebildet worden. Dieses Zurückbleiben läßt sich auch noch am 20. 5. beobachten, hier ist aber gegenüber „normal“ nur noch ein Rückstand von 10% zu verzeichnen. Bis zum dritten Untersuchungstermin am 6. Juni veränderten sich jedoch die Verhältnisse sehr. Zu diesem Zeitpunkt konnte bei den tiefbearbeiteten Parzellen auch sichtbar kein Zurückbleiben mehr festgestellt werden. Gegenüber der auf 20 cm gelockerten Parzelle besteht jetzt schon ein deutlicher Vorsprung.

Betrachten wir hingegen die Wurzelentwicklung bei den einzelnen Parzellen, so finden wir bei unterschiedlicher Tiefenbearbeitung keine wesentlichen Differenzen, wohl aber gegenüber „normal“.

TABELLE 6

Messung der Wurzeltiefe bei Sommerroggen 1957 in verschiedenen Stadien

Bearbeitung	Untersuchungsdatum					
	3. 4. Wurzeltiefe		6. 5. Wurzeltiefe		28. 5. Wurzeltiefe	
	cm	rel.	cm	rel.	cm	rel.
normal	15	100	41	100	48	100
tief, Krume oben	16	107	66	161	74	154
tief, Krume unten	18	120	64	156	72	150

Auch auf der Parzelle mit der vergrabenen Krume konnte eine gleich schnelle Tiefenentwicklung beobachtet werden wie bei „Krume oben“. Insgesamt haben aber die tiefbearbeiteten Parzellen gegenüber der normalen Bearbeitung eine um 50% größere Wurzeltiefe erreicht.

Im darauffolgenden Herbst wurden auch bei Winterroggen Wurzelmessungen vorgenommen. Sie zeigten einen noch größeren Effekt der Tiefenbearbeitung.

TABELLE 7

Messung der Wurzeltiefe bei Winterroggen im Herbst 1957

Bearbeitung	Tag der Untersuchung					
	14. 11. 57			28. 11. 57		
	Wurzeltiefe cm	Wachstum pro Tag in cm	Wachstum pro Tag rel.	Wurzeltiefe cm	Wachstum pro Tag in cm	Wachstum pro Tag rel.
normal	27	0,54	100	37	0,58	100
tief, Krume oben	51	1,02	189	57	0,89	153
tief, Krume unten	54	1,08	200	67	1,05	181

Bei entsprechender Auflockerung wurden also sowohl der Tiefgang insgesamt als auch die Wachstumsgeschwindigkeit der Wurzeln im Jugendstadium um 100% gefördert.

Periodische Messungen der Wurzeltiefe bei Lupinen ergaben in den ersten Tagen nach dem Aufgang keine nennenswerten Unterschiede zwischen flacher und tiefer Bearbeitung. Dagegen wurde die Tiefenentwicklung der Hauptwurzel 14 Tage nach dem Aufgang durch die tiefe Bearbeitung stark beeinflußt, wie aus Abbildung 3 hervorgeht.

3. Wurzeldicke

Über die Zusammenhänge zwischen Wurzeldicke und mechanischem Widerstand in tieferen Bodenschichten liegen nur wenige und z. T. widersprechende Beobachtungen und Untersuchungen vor.

PFEFFER [13] stellte bei seinen Wurzeluntersuchungen fest, daß bei mechanischer Hemmung des Längenwachstums der Spitzenteil der Wurzel ein gefördertes Dickenwachstum erfährt. Die Wurzel wird dabei wie ein „keilförmiger Stift“ in den Boden eingebohrt und ruft dort, je nach dessen Dichte und Feuchtigkeit, verschiedene Wirkungen hervor. Daß der Pflanzenwurzel hierzu unter Umständen sehr beträchtliche Kräfte, bis zu 10 Atmosphären, zur Verfügung stehen, konnte gleichfalls von PFEFFER nachgewiesen werden.

BERKMANN [14] stellte bei *Vicia faba* und *Trifolium pratense* ausgeprägte Unterschiede in lockerem und dichtem Boden fest. „Während die im lockeren Boden gewachsenen Pflanzen längere Wurzeln und vor allem eine nur wenig in der Stärke die Nebenwurzeln übertreffende Pfahlwurzel ausgebildet haben, zeigt diese bei den Pflanzen des dichteren Bodens ein äußerst starkes Dickenwachstum in Richtung der Längsachse. Zugleich ist hier die gleichmäßige Entwicklung der Seitenwurzeln zurückgedrängt und in der Nähe der Bodenoberfläche reichlicher.“

Im Gegensatz zu diesen Auffassungen vertritt KRAUS [15] die Meinung, daß dicke Wurzeln zwar die Bodenteilchen leichter beiseitezuschieben und zusammenzudrücken vermögen als feinere Spitzen, daß den letzteren jedoch das Einbohren und Fortbewegen im dichtgelagerten Boden besser gelingt.

In neueren Untersuchungen von KÖHNLEIN-VETTER [9] wurde beobachtet, daß bei der blauen und gelben Lupine Wurzeldicke und Wurzelzahl in 50 cm Tiefe größer sind als unmittelbar unterhalb der Krume. Ähnliche Feststellungen konnten bei Rotklee, Erbse und Hafer gemacht werden. „Die Wurzeln sind kurz vor oder hinter derartigen Verdickungen meistens auffallend dünn. Manchmal sind sie in der Nähe von dichten Stellen korkenzieherartig aufgewunden.“

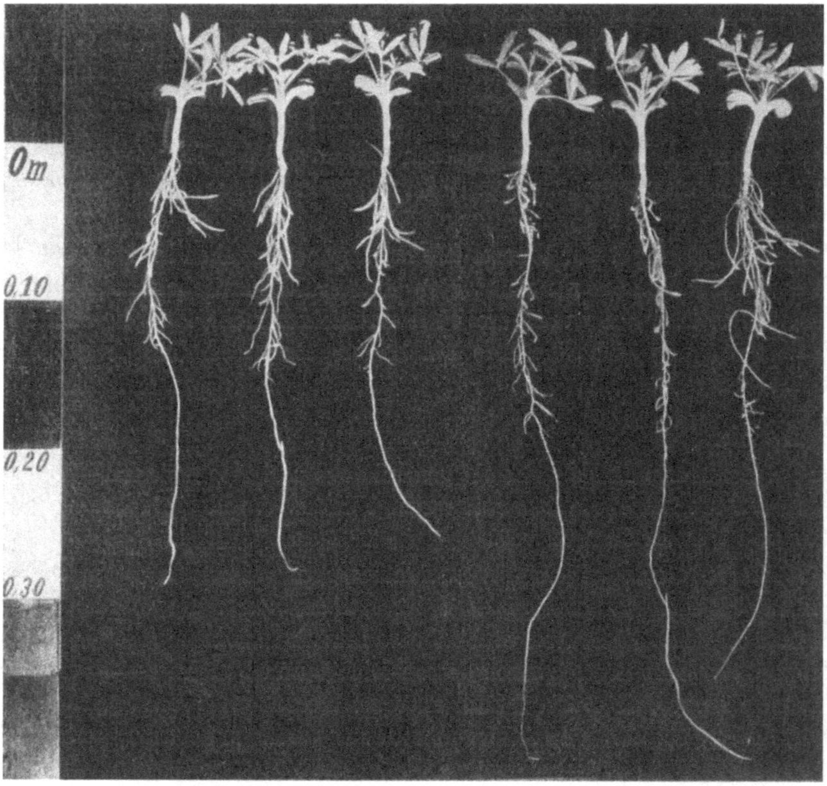

Abb. 3: Lupinenwurzeln von 14 Tage alten Pflanzen; links — normal, rechts — tief

Unsere eigenen Untersuchungen bestätigen diese Beobachtungen bei der Lupine ebenfalls, nicht aber bei Winterroggen. Auf allen Standorten werden in Müncheberg in einer Tiefe von 25—40 cm bei Roggen immer sehr stark verdickte Wurzelspitzen festgestellt. Aber nicht nur die Wurzelspitze, auch die Hauptwurzel bleibt in dieser Schicht sehr stark.

In einem mit verschiedenen Saatzeiten gekoppelten Feldversuch mit Roggen wurden die ersten Untersuchungen vorgenommen, die in Tabelle 8 wiedergegeben sind.

Aus der Tabelle sind die Beziehungen zwischen Wurzeldicke und Bodenverdichtung deutlich erkennbar. Sie kommen besonders bei der ersten Saatzeit zum Aus-

TABELLE 8

Wurzeldickenmessungen am 6. 12. 1957 bei Roggen
(Pflugtiefe 22 cm)

Bodenschicht in cm	I. Saatzeit 20. September		II. Saatzeit 1. Oktober		III. Saatzeit 10. Oktober		IV. Saatzeit 20. Oktober	
	mm	rel.	mm	rel.	mm	rel.	mm	rel.
0– 5	0,29	100	0,30	100	0,33	100	0,36	100
5–10	0,38	131	0,29	97	0,29	88	0,37	103
10–15	0,38	131	0,36	120	0,37	112	0,38	106
15–20	0,40	138	0,38	127	0,41	124	0,38	106
20–25	0,45	155	0,49	163	0,41	124	0,41	114
25–30	**0,70**	**241**	**0,54**	**180**	**0,53**	**161**	**0,48**	133
30–35	**0,64**	**221**	**0,48**	**160**	**0,59**	**179**		
35–40	**0,58**	**200**	0,42	140	0,76	230		
40–45	0,47	162	0,46	153				
45–50	0,42	145						
50–55	0,38	131						
55–60	0,56	193						

druck. Bei der stärksten Verdichtung von 25 bis 30 cm beträgt die Wurzeldicke fast das Zweieinhalbfache von der Stärke bei 0—5 cm. Sobald die verdichteten Bodenschichten verlassen sind, werden die Hauptwurzeln wieder dünner, verdicken sich dann aber an der Spitze erneut. Bei den folgenden Saatzeiten findet sich die gleiche Tendenz, wenn sie auch in den Verdichtungsschichten auf Grund der späten Aussaattermine nicht so ausgeprägt ist.

Geht eine Tiefenbearbeitung voraus, treten völlig andere Verhältnisse auf. Als Beispiel hierfür seien Meßwerte aus einem weiteren Bearbeitungsversuch aufgeführt (Tabelle 9).

Die Untersuchungen wurden 8 Wochen nach der Einsaat des Winterroggens vorgenommen. Die Werte der tiefgelockerten Parzelle wurden gleich 100 gesetzt. Wir sehen auf beiden tiefbearbeiteten Parzellen einen gleichmäßigen Übergang zu den tieferen Schichten. Dagegen treten bei normaler Bearbeitung ab 20 cm wiederum sehr starke Verdickungen auf, die gleichzeitig auch auf Kosten der Tiefenentwicklung gehen. Während die Wurzelspitzen auf beiden tiefbearbeiteten Parzellen bereits eine Tiefe von 70 cm erreicht haben, sind sie auf der normalbearbeiteten Parzelle erst 40 cm tief. Daraus geht hervor, daß bei Roggen eine Korrelation zwischen mechanischem Widerstand und Dicken- bzw. Längenwachstum besteht.

Wenn auch die Lupinenwurzel auf eine Tiefenbearbeitung ähnlich reagiert, so verhält sie sich doch gegenüber Verdichtungsschichten völlig anders. In den folgenden beiden Abbildungen haben wir Roggen- und Lupinenwurzeln bei normaler und tiefer Bearbeitung schematisch dargestellt.

Der Wurzeldurchmesser wurde der besseren Anschaulichkeit halber bei diesen Darstellungen stark vergrößert. Während der Roggen, wie in Tabelle 8 gezeigt wurde, auf Verdichtungsschichten mit einer Verdickung der Hauptwurzel reagiert,

TABELLE 9

Wurzeldicke von Winterroggen am 22. 11. 1957 nach verschieden tiefer Bearbeitung

Bodenschicht in cm	normal 20 cm		50 cm tief gelockert		50 cm tief gewendet	
	mm	rel.	mm	rel.	mm	rel.
0–10	0,19	73	0,26	100	0,22	85
10–20	0,24	92	0,26	100	0,24	92
20–30	**0,68**	**174**	0,39	100	0,26	67
30–40	0,74	176	0,42	100	0,24	57
40–50			0,40	100	0,28	70
50–60			0,56	100	0,37	66
60–70			0,59	100	0,69	117

kann man bei Lupinen genau das Gegenteil beobachten. Die Pfahlwurzel der Lupine schiebt sich durch die Verdichtungsschicht möglichst dünn hindurch, wird

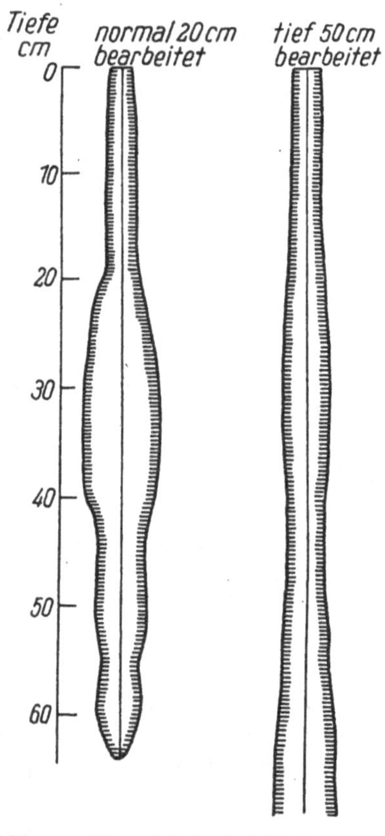

Abb. 4: Wurzeldicke bei W-Roggenhauptwurzeln in der Tiefe von 0 bis 65 cm. 20× vergrößert

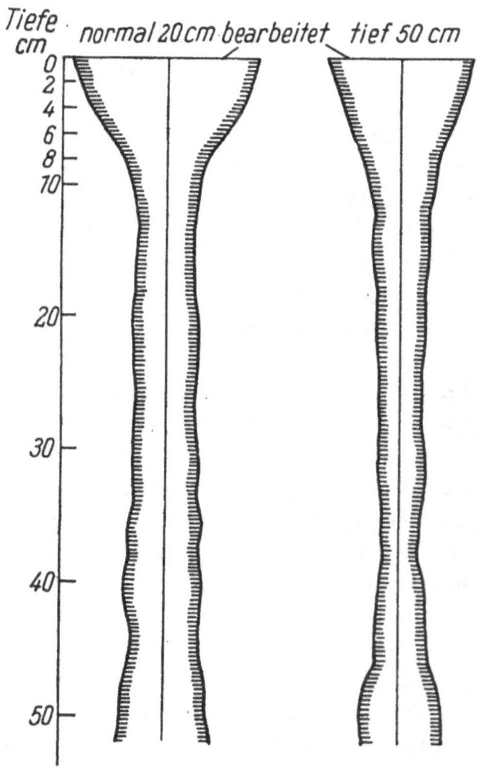

Abb. 5: Wurzeldicke bei Lupinenhauptwurzeln in der Tiefe von 0 bis 52 cm. 10× vergrößert

dann aber bei besseren physikalischen Verhältnissen in den Tiefen über 40 cm wieder dicker. Außerdem stellt man fest, daß die Stärke der Hauptwurzel in Verdichtungsschichten von Zentimeter zu Zentimeter sehr stark schwankt, was von einem guten Anpassungsvermögen an die vorhandenen Bodenverhältnisse zeugt. Das dürfte auch der Grund dafür sein, daß die Lupine sehr schnell tiefere Bodenschichten erreicht.

Durch die Tiefenbearbeitung wird, ähnlich wie bei Roggen, eine Verminderung der Wurzeldicke insgesamt hervorgerufen, dafür finden wir eine größere Zahl von Nebenwurzeln. Das soll im nächsten Abschnitt dargestellt werden.

4. Seitenwurzelausbildung

Von wesentlicher Bedeutung für das Aufnahmevermögen der Pflanzen für Wasser und Nährstoffe ist nicht nur die Verteilung der Wurzelmasse im Boden bzw. die Wurzelmenge, sondern zusammen mit anderen Eigenschaften auch die Anzahl der Seitenwurzeln erster, zweiter und dritter Ordnung in den einzelnen Bodenschichten.

Bei Zählungen und Messungen von Wurzelverzweigungen kam NOBBE [16] zu erstaunlich hohen Zahlen. An einer Weizenpflanze wurden z. B. 67233 Wurzelfasern mit einer Gesamtlänge von 520 m gefunden. Auch HELLRIEGEL [17] versuchte, von den Wurzelgewichten ausgehend, die Gesamtlänge der Faserwurzeln zu erfassen und kam dabei zu sehr hohen Werten.

Aus dem bisher dargestellten Zahlenmaterial war zu entnehmen, daß durch die Tiefenbearbeitung sowohl die Wurzelmenge als auch die Wurzeltiefe beträchtlich beeinflußt wird. In den folgenden Untersuchungen galt es festzustellen, ob auch Beziehungen zur Seitenwurzelausbildung bestehen. Aus arbeitstechnischen Erwägungen haben wir uns dabei auf die Auszählungen der Wurzeln 1. Ordnung beschränkt.

In der folgenden Tabelle wird eine Untersuchungsreihe von Lupineneinzelpflanzen dargestellt. Diese Einzelpflanzen sind wahllos aus einer Drillreihe herauspräpariert und zeigen, wie unterschiedlich bei normaler Bearbeitung die Ausbildung der Seitenwurzeln in den einzelnen Bodenschichten ist.

Bei normaler Pflugfurche von 20 cm sehen wir, daß neben sehr unterschiedlichen erreichten Tiefen auch die Ausbildung der Seitenwurzeln recht mannigfaltig ist. Während in den oberen 20 cm der Krume die Seitenwurzeln noch einigermaßen gleichmäßig verteilt sind, ist dies in tieferen Bodenschichten nicht der Fall. Zum Wurzelende hin nimmt die Anzahl der Seitenwurzeln stark zu, was auf eine quastartige Ausbildung hindeutet.

Sehr viel gleichmäßiger und zahlreicher ist die Seitenwurzelausbildung nach einer Tiefenbearbeitung. Wenn auch zunächst in den oberen Schichten keine bedeutenden Unterschiede auftreten, so finden wir bereits in der Schicht von 20 bis 30 cm eine Überlegenheit von 64%. Tiefere Schichten werden dann nicht nur von der Hauptwurzel durchzogen, sondern auch von zahlreichen Seitenwurzeln.

Werden die gemittelten Werte von jeweils 10 Pflanzen addiert, so findet man bei der tiefbearbeiteten Parzelle insgesamt 33,3% mehr Nebenwurzeln. Die Überlegenheit ist hauptsächlich in der Bodenschicht 20 bis 30 cm und unter 50 cm vorhanden.

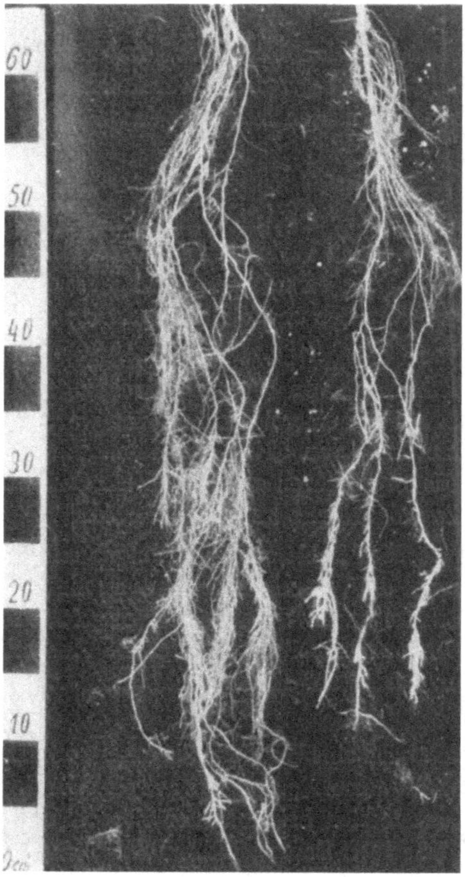

Abb. 6

Die höhere Anzahl von Seitenwurzeln bei einigen Pflanzen am unteren Ende der Hauptwurzel ist auch auf der tiefbearbeiteten Parzelle auf eine quastartige Ausbildung zurückzuführen. Die Wurzeln durchziehen fächerartig den Unterboden und verteilen sich besonders in den z. T. auftretenden Eisenschleiern. In Abbildung 6 sind zwei Lupinenpflanzen dargestellt, links bei tiefer Bearbeitung und rechts bei normaler. Daraus ist ersichtlich, daß bei der linken Pflanze nicht nur eine größere Anzahl von Seitenwurzeln, sondern auch eine größere Wurzellänge zu beobachten ist.

TABELLE 10

Anzahl der Seitenwurzeln von 10 Lupinen-Einzelpflanzen in verschiedenen Bodenschichten bei normaler Pflugfurche (20 cm)

Bodenschicht cm	Einzelpflanzen 1	2	3	4	5	6	7	8	9	10	Mittel
0–10	27	29	32	34	42	47	34	36	34	33	35
10–20	20	23	22	22	21	31	23	27	24	27	24
20–30	16	19	18	11	8	15	22	8	15	8	14
30–40	36	13	15	7	37	14	22	9	21	33	21
40–50	42	37	37	—	12	27	—	12	20	12	20
50–60	—	—	34	—	—	36	—	—	31	—	10
60–70	—	—	6	—	—	8	—	—	4	—	2
										durchschnittliche Gesamtzahl:	126
	bei tiefer Pflugfurche (45 cm)										
0–10	31	27	30	27	26	29	38	38	44	38	33
10–20	15	26	22	29	22	26	16	21	25	28	23
20–30	18	24	14	25	27	28	14	28	24	23	23
30–40	17	16	17	21	17	21	24	25	18	14	19
40–50	21	25	16	13	21	23.	25	16	26	28	21
50–60	13	9	13	14	16	16	17	7	18	9	13
60–70	18	—	17	3	35	—	21	24	—	42	15
70–80	27	—	—	—	13	—	31	24	—	22	12
80–90	6	—	—	—	—	—	4	—	—	9	6
										durchschnittliche Gesamtzahl:	165
										Mehr durch die Tiefenbearbeitung:	39
										in %.	31,0

ZUSAMMENFASSUNG

In Untersuchungen über die Wirkung einer meliorativen Pflugfurche auf leichten, trockenen Sandböden ergab sich als wichtigste Folgeerscheinung der verbesserten Struktur- und Feuchtigkeitsverhältnisse eine völlige Veränderung der gesamten Wurzelentwicklung der geprüften Kulturpflanzen. Im Gegensatz zur flachen Bearbeitung (20 cm) konnten durch das meliorative Pflügen folgende Ergebnisse erzielt werden:

1. Bei Lupinen wurde eine um 30—40% höhere, bei Winterroggen sogar eine bis zu 70% größere Wurzelmenge gefunden, deren Zunahme in der aufgelockerten Verdichtungsschicht von 25—35 cm und darunter besonders stark war.
2. Die Wurzeltiefe war beim Roggen um 55% größer, auch bei der Lupine, die bereits bei normaler Bearbeitung mit ihrer Pfahlwurzel größere Tiefen erreichte, wurde eine um 24% größere maximale Wurzellänge gemessen.
3. Es erfolgte eine Erhöhung der Wachstumsgeschwindigkeit der Wurzeln besonders in der Jugendentwicklung. Messungen bei Winterroggen ergaben eine um 80% höhere Wachstumsrate.
4. Durch die Beseitigung mechanischer Widerstände war eine gleichmäßige Ausbildung der Wurzeln in allen Bodentiefen besonders beim Roggen gewährleistet, der bei normaler Bearbeitung in der Schicht von 20 bis 40 cm starke Verdichtungen aufwies.
5. Die Ausbildung von Seitenwurzeln wurde um insgesamt 30% erhöht, vor allem in der Schicht von 20 bis 30 cm und in Tiefen unter 50 cm.

РЕЗЮМЕ

При исследованиях воздействия мелиоративной вспашки на легких, сухих песчаных почвах важнейшим следствием улучшенных условий структуры и влажности оказалось полное изменение развития корней испытанных культур. В противоположность мелкой обработке (20 см) при помощи мелиоративной вспашки удалось получить следующие результаты:

1. Было найдено у лупинов на 30—40% а у озимой ржи даже на 70% повышенное количество корней; это повышение было особенно сильно во взрыхленном уплотненном слое, в глубине от 25—35 см и ниже.
2. Глубина корней у ржи была на 55% больше; также и у лупина, стержневые корни которого уже при нормальной обработке достигают большой глубины, измерялось повышение максимальной длины корней на 24%.
3. Особенно в начальном развитии происходило повышение скорости роста корней. Измерения у озимой ржи показали повышение скорости роста на 80%.

4. Устранением механических сопротивлений особенно у ржи было обеспечено образование корней во всех глубинах почвы, у которой при нормальной обработке было отмечено в глубине от 20—40 см сильное уплотнение.
5. Образование боковых корней особенно в слое от 20—30 см и в глубине ниже 50 см возросло всего на 30%.

SUMMARY

In examinations on the effect of a meliorative furrow on light, dry sandy soils the cultivated plants in question were found to have a completely changed root development as a result of the improved structure and moisture conditions. As compared to shallow ploughing (20 cm), meliorative ploughing gave the following results:

1. With lupines a 30—40% and with winter rye an even up to 70% higher root quantity was noticed, the increase of which was particularly marked in the loosened compaction layer of 25—35 cm and lower.
2. With rye the root depth was 55% greater; also the lupine, the taproot of which reaches already greater depths at normal ploughing, was found to have a 24% greater maximum root length.
3. The growth speed increased particularly during the juvenile period. With winter rye an 80% higher growth rate was measured.
4. Removing mechanical resistances ensured a uniform root development in all soil depths. This was particularly marked with rye which showed great compactions in the 20—40 cm layer, when normal ploughing was practiced.
5. The development of sideroots was increased by altogether 30%, especially in the 20—30 cm layer and below 50 cm.

LITERATURVERZEICHNIS

[1] PETERSEN, A.: Schultz-Lupitz und sein Vermächtnis. 1954, Berlin, Akad.-Verl.

[2] SCHULTZ-LUPITZ, A.: Über die Bewurzelung der landwirtschaftlichen Kulturgewächse und deren Bedeutung für den praktischen Ackerbau. Jb. Dt. Landwirtsch.-Ges. 1881, **6**, 776—834

[3] RAUHE, K.: Nachhaltige Verbesserung der Ertragsfähigkeit leichter Böden durch Tiefenbearbeitungs- und Düngungsmaßnahmen. Dt. Landwirtsch. 1959, **11**, 537—542

[4] RAUHE, K.: Der Einfluß bestimmter Tiefkulturmaßnahmen auf die Ertragsfähigkeit leichter Böden in Trockenlagen. Tag.-Ber. Dt. Akad. Landwirtsch.-Wiss. Berlin 1960, **28** (im Druck)

[5] RAUHE, K., und A. KUNZE: Die Messung von Wasserdurchlässigkeit und Feldkapazität als Methoden zur Beurteilung verschiedener Bodenbearbeitungsmaßnahmen. Z. Acker- u. Pflanzenbau 1958, **106**, 407—424

[6] RAUHE, K., und G. MÜLLER: Zur Tiefkultur auf leichten Böden im besonderen Hinblick auf die Bodenbiologie. I. Ackerbaulicher Teil. Z. Acker- u. Pflanzenbau 1959, **109**, 291—308

[7] MÜLLER, G., und K. RAUHE: Zur Tiefkultur auf leichten Böden im besonderen Hinblick auf die Bodenbiologie. II. Bodenbiologischer Teil. Z. Acker- u. Pflanzenbau 1959, **109**, 309—332

[8] ROTMISTROFF, W. A.: Das Wesen der Dürre. 1926, Dresden, Verl. Steinkopff

[9] KÖHNLEIN, I., und H. VETTER: Ernterückstände und Wurzelbild. 1953, Berlin, Verl. Parey

[10] KULLMANN, A.: Zur Intensität der Bodendurchwurzelung. Z. Acker- u. Pflanzenbau 1957, **103**, 189—197

[11] RAUHE, K.: Zur Frage des Stoppelumbruchs auf leichten Böden, insbesondere beim Nachbau von Roggen. Z. Acker- u. Pflanzenbau 1957, **104**, 423—446

[12] SCHULZE, B.: Wurzelatlas. 1911, Berlin, Verl. Parey

[13] PFEFFER, W.: Druck und Arbeitsleistung der wachsenden Pflanze. Abh. math.-phys. Kl. Kgl. Sächs. Ges. Wiss. 1893, **20**, 235

[14] BERKMANN, M.: Untersuchungen über den Einfluß der Pflanzenwurzeln auf die Struktur des Bodens. 1913, Diss. München

[15] KRAUS, C.: Zur Kenntnis der Verbreitung der Wurzeln in Beständen von Rein- und Untersaaten. Fühlings Landwirtsch. Ztg. 1914, 338

[16] NOBBE, F.: Über die Pflanzenzucht im Wasser und ihre praktische Bedeutung für die Landwirtschaft. Chem. Ackersmann 1869, **15**, 78—99

[17] HELLRIEGEL, H.: Beiträge zu den naturwissenschaftlichen Grundlagen des Ackerbodens. 1883, Braunschweig, Verl. Vieweg

H. PAETZOLD[1]

Die Anbauwürdigkeit des Weißen Steinklees (Melilotus albus Med.) auf leichten Böden

Der Weiße Steinklee wird auf der Erde unterschiedlich bewertet. Sein feldmäßiger Anbau begann in größerem Umfange erst seit etwa 1920, vornehmlich in Nordamerika. Auf den seit Jahrzehnten einseitig mit Weizen oder Mais bebauten Steppenböden Amerikas zwangen die zunehmende Strukturverschlechterung und der starke Abbau der organischen Substanz im Boden zum Anbau von humus- und stickstoffmehrenden Kulturen. Hierfür bot sich der Steinklee geradezu an. Die tiefgründigen, meistens um den Neutralpunkt liegenden Steppenböden waren für sein Gedeihen recht günstig. Das rasche Wachstum des Steinklees und damit die gute Bodenbeschattung, ferner der starke Wurzelanfall, ließen ihn zu einer wertvollen Bereicherung in der Anbaufolge der Kulturen werden. Hinzu kam, daß die Saatgutbeschaffung bei der hohen Vermehrungsquote keine Schwierigkeiten bereitete. — Gegenüber diesen, für die Erhaltung und Regenerierung der Ertragsfähigkeit der Böden vorteilhaften Merkmale traten die Nachteile in der Futterqualität für die Verhältnisse Nordamerikas in den Hintergrund. Der Anbau des Steinklees, sei es in der anuellen Form als Hubamklee oder der biennen, erfolgte nur als Mittel zum Zweck, um die wichtigsten Marktfrüchte Weizen und Mais anbausicher zu gestalten. Daneben wurde der Steinklee im hohen Wachstumsstadium beweidet. Der anfangs züchterisch noch nicht bearbeitete hohe Cumaringehalt von 3 bis 5% in der Trockensubstanz führte bei längerer Beweidung zwar in einigen Fällen zu Krankheitserscheinungen bei Rindern (H. KOENEKAMP 1950), doch überwog der Wert als strukturfördernde Pflanze. Wenn der Steinklee infolge des hohen Cumaringehaltes nicht tief verbissen wurde, wirkte sich dies nur vorteilhaft auf den Boden aus. Außerdem wurde er meistens von Jungvieh zur Fleischgewinnung beweidet, weniger von anspruchsvollerem Milchvieh.

Im Rahmen dieser extensiv und einseitig auf Arbeitsproduktivität ausgerichteten Landwirtschaft der USA gewann der Steinklee eine Bedeutung. Seine Massenwüchsigkeit und angebliche Anspruchslosigkeit an den Boden führten dann zu der Überlegung, den Steinklee auch in größerem Umfange in Europa anzubauen. In

[1] Dr. habil. Horst PAETZOLD
Wissenschaftlicher Mitarbeiter des Institutes für Pflanzenzüchtung Groß Lüsewitz der Deutschen Akademie der Landwirtschaftswissenschaften zu Berlin.

fast regelmäßig zu nennenden Abständen folgten nunmehr Versuche in Deutschland, den Steinklee als Futterpflanze für Sandböden zu propagieren. Einzelerfolge wurden verallgemeinert und führten in der breiten Praxis zu unberechtigten Hoffnungen, die später in den meisten Fällen nicht verwirklicht werden konnten.

G. SPECHT (1939) wies bereits in umfangreichen Versuchen in Thüringen mit verschiedenen Steinkleeherkünften auf die Problematik des Steinkleeanbaues in unseren Breiten hin. Nach dem letzten Kriege hat sich insbesondere F. BERGER (1951) mit Anbau- und Nutzungsfragen des Weißen Steinklees befaßt, dem die Züchtung der Sorte „Bienenfleiß" zu danken ist. In der jüngsten Zeit beschäftigte sich G. PRITSCH (1958) ebenfalls mit Anbau- und Nutzungsfragen des Weißen Steinklees in Brandenburg. Ähnliche Untersuchungen wurden vom Verfasser im Zeitraum von 1953 bis 1955 in Mecklenburg im Rahmen eines Forschungsauftrages des Institutes für Acker- und Pflanzenbau der Universität Rostock durchgeführt, deren Zielsetzung darin bestand, die Anbauwürdigkeit des Weißen Steinklees für leichte Böden mit Ackerzahlen zwischen 11 und 29 und mittlere Böden mit Ackerzahlen bis 55 im norddeutschen Raum zu prüfen.

Verwendet wurde die Sorte „Bienenfleiß", die sich auch bei einem Vergleich 5 verschiedener Herkünfte aus Nord- und Mitteldeutschland als die ertragsstärkste erwies. Im Verlaufe dreier Jahre wurden in 6 Kreisen der Bezirke Rostock, Neubrandenburg und Neustrelitz insgesamt 36 Anbauversuche angelegt. 12 dieser Versuche lagen auf ausgesprochenen Sandböden, teils mit, teils ohne Grundwassereinfluß. Es wurden Flächen von 300 bis 600 m² angesät, von denen im Falle des Gelingens später einzelne Parzellen herausgeschnitten und geerntet wurden. Als Saatstärke wurden einheitlich 20 kg enthülster Saat angewandt. — Neben *Melilotus albus* in Reinsaat wurden auch Steinkleegrasgemische mit *Festuca ovina*, *F. rubra*, *Bromus inermis*, *Dactylis glomerata* und *Arrhenatherum elatius* ausgesät. Die Ansaaten der Gräser wurden im Herbst, die des Klees im Frühjahr als Breitsaat in Roggen vorgenommen, teilweise auf eine Schneedecke. Daneben wurden weitere Anbauversuche auf dem Versuchsfeld des Institutes für Acker- und Pflanzenbau in Biestow bei Rostock durchgeführt.

Die Ansaaten in den Kreisen sollten zeigen, ob unter Bedingungen der Praxis ohne zusätzliche Düngungs- und Pflegemaßnahmen gute Bestände von Steinklee bzw. Steinkleegras erreicht werden könnten. Dabei interessierte insbesondere, ob der Steinklee auf den nichtrotkleefähigen Sandböden als Gründüngungs- und Futterpflanze in Zukunft eine Rolle spielen könnte, um Betrieben auf diesen Böden bei Wiesenarmut eine bessere Futterbasis zu schaffen.

Von den 12 auf Sandböden angelegten Versuchen erbrachten nur 2 einen befriedigenden Steinkleebestand, der auch als Hauptfrucht im Folgejahr genutzt werden konnte. Meistens konnte festgestellt werden, daß der Steinklee bei ausreichender Frühjahrsfeuchtigkeit gut auflief, dann jedoch zu kümmern begann und bis zur Ernte der Deckfrucht einging. Profilaufgrabungen bis zu 1 m Tiefe zeigten, daß der Steinklee nur dann auf Sandböden wächst, wenn der Untergrund eine grobkörnig-poröse Struktur aufweist. Im Feinsand wurzelt der Steinklee nicht, anscheinend aus Luftmangel. Die Wasserversorgung spielt dabei eine untergeordnete Rolle, wenn der Steinklee ein bestimmtes Wachstumsstadium und eine tiefe Durchwurzelung erreicht hat. Er ist dann relativ trockenunempfindlich. Auch R. BORKOWSKI und Mitarbeiter (1957) konnten feststellen, daß *Melilotus albus* noch bis 20% WK gute Grünmassen- und Wurzelerträge liefert.

Als weitere Ursache des Mißlingens ist die Verwehungsgefahr zu nennen. Frühjahrsstürme schädigen die Kulturpflanzen auf Sandböden bedeutend stärker als auf Mittelböden. Die zarten Kleepflanzen sind besonders gefährdet, weil einmal das Wurzelbett freigeweht, zum anderen der zarte Blattapparat durch Sandkörner vernichtet werden kann. — Schließlich spielt die Bodenacidität eine Rolle. Zahlreiche p_H-Messungen ergaben, daß nicht so sehr der Säuregrad der Krume als der des Untergrundes von Bedeutung ist. Bei p_H-Werten in der Krume von 5,2 und dem Untergrund von 6,1 (KCl) gelang der Anbau, nicht aber wenn die Verhältnisse umgekehrt lagen. Als Richtzahl für das Gelingen des Steinkleeanbaues kann eine p_H-Zahl von 5,8 (KCl) im Untergrund angesehen werden. Dieser Wert ist auf den wirklichen Sanden in Norddeutschland selten.

Bei den gelungenen Ansaaten wurde im Herbst eine Beweidung durch Jungvieh durchgeführt. Der Futteranfall bei Herbstnutzung ist gering, da der Steinklee im Ansaatjahr einstengelig treibt. Er bildet selten einen deckenden Bestand. Im Hauptnutzungsjahr treibt jede Pflanze 4 bis 7 starke Stengel, die der Einzelpflanze einen buschähnlichen Charakter geben. Der Bestand deckt dann völlig und unterdrückt jedes Unkraut, da er auch auf Sand eine Höhe von etwa 1,20 m erreicht. Ist eine Futternutzung vorgesehen, so können im Hauptnutzungsjahr 2 Schnitte gewonnen werden, wobei der erste Schnitt wesentlich ertragreicher ist. Wichtig ist, daß dieser Schnitt nicht zu spät und nicht zu tief erfolgt, sondern etwa 15 cm hohe Stoppeln hinterläßt. Der Austrieb des 2. Aufwuchses erfolgt von den unteren Blattachseln. — Von Sandböden können nach eigenen Erfahrungen vom 1. Schnitt etwa 45 dt Trockensubstanz/ha, vom 2. Schnitt 20 dt Trockensubstanz/ha geerntet werden. — Heugewinnung ist schwieriger als bei den anderen Kleearten oder der Luzerne, da der Steinklee sehr dicke, saftreiche Stengel und einen geringen Blattanteil hat. Reutertrocknung ist zu empfehlen.

Bei einer Samengewinnung ist eine Futtervornutzung für Steinklee auf Sandböden nicht geeignet. Der 2. Austrieb ist dann meistens zu schwach. Läßt man den Bestand wachsen, so erreicht er 1,20 bis 1,50 m Höhe, blüht reichlich, bietet eine hervorragende Bienenweide und reift dann ungleichmäßig ab. Wenn 50% der Samen braun anlaufen, kann mit dem Binder, möglichst im Tau, gemäht, aufgehockt und später mit dem Mähdrescher aus der Hocke gedroschen werden. Wartet man bis zur Mähdruschreife, so fallen wesentliche Teile des Saatgutes aus und bilden für die Nachfrucht eine unerwünschte Konkurrenz.

Auf Sandböden können 10 dt/ha nicht enthülster Saat geerntet werden. Bei den gegenwärtig guten Preisen für Steinklee wird durch den Steinkleesamenbau ein hoher Geldertrag von der Flächeneinheit erzielt. Leider sind die steinkleewürdigen Sandböden gering an Umfang.

Bei den Steinklee-Grasansaaten, in denen der Steinklee versagte, brachten die reinen Grasbestände immer noch befriedigende Futtererträge. Am anbausichersten zeigte sich *Festuca ovina*, es folgten *Arrhenaterum elatius*, *Festuca rubra* und *Dactylis glomerata*. *Bromus inermis* versagte. Im Futteranfall war *A. elatius* weitaus am ergiebigsten und auch gegen Trockenheit weniger anfällig als *D. glomerata*. Knaulgras hat nur auf grundwassernahen Sanden bei zusätzlicher Stickstoffdüngung eine Bedeutung für eine Verbesserung der Futterwirtschaft auf Sandböden, während der Glatthafer auch bei Trockenheit und ohne mineralische Stickstoffdüngung zufriedenstellende Erträge bringt.

Der reine Feldgrasbau hat durch den Schafschwingel wegen seines hohen Wurzelanfalles eine feste Position in den Fruchtfolgen auf grundwasserfernen Sandböden erlangt (H. HENNING, 1952/53), befriedigt aber im Futteranfall nicht. Hier wäre *Arrhenaterum elatius* wesentlich ertragreicher, wenn auch sein Futterwert nicht sonderlich hoch ist.

Der Futterwert des Steinklees ist in jungem Stadium fast der Luzerne gleichwertig, sinkt aber dann mit zunehmendem Alter. Nach eigenen Untersuchungen konnten im Hauptnutzungsjahr beim 1. Schnitt ein Rohproteingehalt von 23,92% in der Trockensubstanz, beim 2. Schnitt von 14,08% in der Trockensubstanz festgestellt werden. Die Verdaulichkeit ist geringer als bei Rotklee oder der Luzerne, da der Steinklee sehr rohfaserreich ist. Dennoch wäre es von großem Vorteil, wenn eiweißreiches Futter auf Sandböden erzeugt werden könnte, denn bisher sind nur Serradella, Lupine und Winterwicke Futterpflanzen des Sandbodens, die ein eiweißreiches Futter bringen.

Der stärkste Hinderungsgrund für die Ausdehnung des Steinkleeanbaues von seiten der Viehhaltung war bisher die Geschmacksbeeinträchtigung durch den Cumaringehalt. Dieser Grund ist nicht mehr berechtigt, es sei denn, es wird ausschließlich Steinklee-Grünfutter für einen längeren Zeitraum verabreicht. Außerdem sind Erfolge in der Züchtung bei der Verminderung des Cumaringehaltes zu verzeichnen, so durch Herrn Prof. KRESS in Gülzow und auch in Kanada, wo die Sorte „Cumino“ nur noch 0,001 bis 0,004% Cumarin aufweisen soll (J. E. R. GREENSHIELDS, 1958).

Nach eigenen Beobachtungen wird der 1. Aufwuchs des Hauptnutzungsjahres bei der Sorte „Bienenfleiß“ von Jungvieh lieber genommen als der 2. Aufwuchs. Beim Milchvieh ist eine kurze Gewöhnung bei Grünfütterung notwendig. Als Heu wird Steinklee von allen Tiergattungen ohne Zögern gefressen.

Bei dem erwünschten Anbau von Steinklee auf leichten Böden spielt neben dem Futter auch die Lieferung an organischer Substanz und Stickstoff durch die Wurzeln eine bedeutsame Rolle. Wurzeluntersuchungen mit dem Albrecht-Bohrer auf 40 cm Tiefe erbrachten bei Steinklee gegen Ende des Ansaatjahres 43,4 dt organische Wurzelmasse/ha und im Hauptnutzungsjahr 64,2 dt/ha. Diese Wurzelmengen werden von keiner anderen Leguminose auf Sandböden erreicht. Sie werden lediglich von Schafschwingel übertroffen, der aber stickstoffarme Wurzeln mit einem N-Gehalt von 0,6% hinterläßt. Die Steinkleewurzeln weisen jedoch nach eigenen Untersuchungen einen N-Gehalt von 2,2% in der Trockensubstanz auf.

Wenn der Anbau des Steinklees auf Sandböden gelingt, sollte als Nachfrucht stets eine gut deckende Spätkartoffel folgen. Dadurch wird nach Samennutzung ein Wiederauflaufen oder nach Zwischenfruchtnutzung ein Wiederausschlagen der Rhizome eingedämmt. Oft ist aber die Handhacke zur Vernichtung des Steinkleeaufwuchses in der Folgefrucht nicht zu vermeiden. — Wird Hafer nach Steinklee angebaut, so können der Wiederaufwuchs mit dem Hafer zusammen geerntet und unter Umständen neben dem Hafererertrag noch zwei dt Steinkleesaat/ha gewonnen werden (O. REMER, 1955).

Neben den Versuchen auf Sandböden, von denen nur 17% als gelungen bezeichnet werden konnten, wurden 24 Versuche auf Böden mittlerer Güte angelegt, die als rotkleefähig angesehen werden können. Hierbei sollte lediglich geklärt werden, ob ein Ersatz des Rotklees oder Weißklees durch Steinklee in Frage käme. Von den 24 angelegten Versuchen gelangen 14 (58%). Insofern ist die Anbausicherheit des Steinklees auf Böden mittlerer Güte bedeutend höher als auf Sand, sie ist aber immer noch geringer als beim Rotklee oder der Luzerne. Ein Mißlingen der Ansaat trat entweder wegen einer zu starken Beschattung durch die Deckfrucht ein (Steinklee ist hierbei empfindlicher als Rot- und Weißklee) oder wegen einer zu starken Versauerung des Untergrundes.

In weiteren Versuchen auf dem Versuchsfeld Biestow auf sandigem Lehm, D 3, 42 konnte ermittelt werden, daß auch auf diesen Böden eine Märzaussaat in Winterroggen die besten Ergebnisse zeitigt. Bei Ansaaten in Sommergetreide erwies sich Sommergerste als beste Deckfrucht. In Trockenjahren war eine gleichzeitige Aussaat beider Kulturen aus demselben Säkasten günstig, in feuchten Jahren überwuchs der Steinklee aber die Gerste. Daher ist es besser, man drillt den Steinklee erst nach der Entwicklung des 4. Blattes der Gerste, also nach dem 3. Striegelstrich.

Der Anbau als Zweitfrucht in Blanksaat hinter Futterroggen ist möglich, doch liegen die Erträge unter denen anderer Zweitfrüchte (Mais, Sonnenblume, Kohlrübe, Markstammkohl, Alexandrinerklee). August- und Herbstaussaaten laufen zwar auf, doch überstanden in eigenen Versuchen diese Ansaaten den Winter nicht. Als Winterzwischenfruchtpflanze ist der Steinklee somit nicht geeignet.

Ein guter Steinkleebestand kann auf mittleren Böden höhere Erträge als die anderen Kleearten bringen. Bei einem Ertragsvergleich wurden bei zwei Schnitten im Hauptnutzungsjahr folgende Mengen geerntet:

Weißklee	32,8 dt Trockensubstanz/ha
Rotklee	43,2 dt Trockensubstanz/ha
Luzerne	80,0 dt Trockensubstanz/ha
Steinklee	124,5 dt Trockensubstanz/ha

Dabei muß jedoch vermerkt werden, daß der Rotklee lückig stand, während der Steinklee einen vollen Bestand bildete.

Auch im Wurzelanfall ist der Steinklee auf mittleren Böden den anderen Kleearten überlegen. Nach 10 Vegetationsmonaten wurden folgende Wurzelmengen (organische Wurzelmasse) im Durchschnitt aller Proben ermittelt:

Weißklee	47,8 dt
Rotklee	55,5 dt
Steinklee	89,5 dt

Die Anbauwürdigkeit des Steinklees scheint somit für die mittleren Böden gegeben. Es muß jedoch darauf hingewiesen werden, daß auch auf diesen Böden selten ein gleichmäßig guter Bestand auf größeren Flächen zu erzielen ist. Der Steinklee reagiert scharf auf jede Abweichung vom zusagenden Aciditätsbereich im Untergrund. Daher wächst er auf Teilflächen recht gut, versagt jedoch häufig in unmittelbarer Nähe. Auf den in Norddeutschland sehr verschießenden Böden ist daher selten eine absolute Anbausicherheit gegeben.

Der höhere Futterwert, die größere Anbausicherheit und auch das Fehlen unliebsamer Begleiterscheinungen, wie das Wiederausschlagen des Steinklees in der Folgefrucht, sprechen heute noch dafür, auf mittleren, kleefähigen Böden dem Rotklee oder der Luzerne den Vorzug zu geben, auch wenn der Steinklee einmal höhere Erträge bringen kann. Der Wert des Steinklees als strukturerhaltendes Element im Rahmen der Fruchtfolge spielt auf den Böden der gemäßigten Breiten nicht die große Rolle wie auf Steppenböden. Unsere Fruchtfolgen sind vielfältiger in der Zahl der anzubauenden Kulturen, außerdem ist ein hoher Stalldunganfall vorhanden.

Auf den Sandböden wäre der Weiße Steinklee von weit größerem Wert. Bisher ist er dort aber zu unsicher, und eine kontinuierliche Aufkalkung würde den Anbau der dort typischen Pflanzen Lupine, Serradella und Kartoffel in Frage stellen. Man könnte allerdings auf Teilflächen den Boden für einen Steinkleeanbau vorbereiten und dort eine gesonderte Fruchtfolge durchführen. In solchen Fällen wächst aber auch Luzerne, die als Futterpflanze wertvoller und außerdem ausdauernder ist.

Dort, wo der Steinklee auf nicht kleefähigen Böden wächst, hat er auch heute in der vorliegenden, züchterisch noch wenig bearbeiteten Form eine Daseinsberechtigung. Diese Flächen sind aber gering an Umfang, auch wenn man die Abraumhalden hinzurechnet. Für die Verbesserung der Futtergrundlage auf Sandböden wäre ein säureverträglicher Steinklee erforderlich. Diesen zu züchten, wäre eine dankenswerte Aufgabe, dann hätte auch eine weitere Bearbeitung auf Verbesserung des Futterwertes einen Sinn. Der Steinklee ist eine Pflanze, über die noch kein endgültiges Urteil gefällt werden kann. Er kann zu einer wertvollen Futterpflanze auch unter intensiven Anbaubedingungen bei hoher Flächenproduktivität werden, wenn weitere züchterische Erfolge möglich sind. Zum gegenwärtigen Zeitpunkt konnte er die in ihn gesetzten Hoffnungen noch nicht erfüllen.

ZUSAMMENFASSUNG

Auf Grund von Literaturstudien und eigenen Untersuchungen im norddeutschen Raum wurde versucht, die Anbauwürdigkeit von *Melilotus albus* zu klären. Auf Sandböden gelang der Anbau unter Deckfruchtroggen nur in Ausnahmefällen. Hinderungsgründe waren schlechte Bodenstruktur im Untergrund, Windverwehungen und die Säureempfindlichkeit des Steinklees, insbesondere im Untergrund. Ein Anbau als Haupt- oder Zwischenfrucht gelang nur, wenn der Untergrund eine kiesig-poröse Struktur mit p_H-Werten von 5,8 und darüber aufwies. Auf lehmigen Sanden ist die Anbausicherheit des Steinklees zwar größer, befriedigt aber noch nicht. Im Futteranfall bringt der Weiße Steinklee im Hauptnutzungsjahr auf Sandböden bis zu 70, auf mittleren Böden bis zu 100 dt Trockensubstanz pro Jahr Der günstigste ökonomische Nutzen wird beim Samenbau erzielt, wo etwa 10 dt Saatgut/ha geerntet werden können. Sein Wurzelanfall liegt um etwa $^1/_3$ höher als der des Rotklees. — Von den angebauten Gräsern auf Sandböden brachte *Festuca ovina* die höchsten Wurzelmengen, *Arrhenatherum elatius* die höchsten Futtererträge. — Der Wert von *Melilotus albus* liegt in Nordamerika vor allem in der Strukturerhaltung zu einseitig genutzter Böden, der Futterwert spielt dort eine untergeordnete Rolle. Eine Übertragung auf die intensiv genutzte Landwirtschaft Mitteldeutschlands mußte bisher zu Fehlschlägen führen. — Für die Zukunft der Sandböden wäre die Züchtung eines säureverträglichen Steinklees von großer Bedeutung.

РЕЗЮМЕ

На основе литературных данных и собственных исследований, проведенных в Северной Германии, была сделана попытка выяснения пригодности *Melilotus albus* для возделывания. На песчаных почвах возделывание под рожью в качестве покровной культуры удалось лишь в исключительных случаях. Возделыванию мешали плохая структура подпочвы, ветры и чувствительность белого донника к кислотности, особенно подпочвы. Возделывание в качестве главной или промежуточной культуры удалось только тогда, когда подпочва отличалась гравийно-порозной структурой с pH 5,8 и больше. Хотя возделывание белого донника на суглинках надежнее, оно все же еще не удовлетворительно. Урожайность белого донника в главном году пользования на песчаных почвах составляет до 70 ц, а на средних почвах до 100 ц сухого вещества в год. Наибольшую экономическую пользу белый донник приносит при использовании его для производства семян, причем можно собрать около 10 ц семян/га. Количество корневых остатков его превышает количество корневых остатков красного клевера примерно на $^1/_3$. Из числа возделанных на песчаных почвах злаковых трав *Festuca ovina* имела наибольшее количество корней, между тем, как *Arrhenatherum elatius* дала наибольшее количество корма. Ценность *Melilotus albus* в Северной Америке состоит главным образом в его хорошем воздействии на структурность почвы, используемой слишком односторонне; кормовая ценность там играет второстепенную роль. Перенос на интенсивное сельское хозяйство Средней Германии неизбежно должно было приводить к неудачам. Для песчаных почв селекция белого донника, нечувствительного к кислотности, имела бы важное значение.

SUMMARY

In the light of literature studies and own examinations in the area of Northern Germany it has been attempted to clarify the worthiness of cultivation of *Melilotus albus*. It was only exceptionally that it could be grown under rye as cover crop on sandy soils. The obstacles were a poor soil structure in the subsoil, sand-drifts and the sensivity of melilot to acids, particularly in the subsoil. A cultivation as main or catch crop was only possible when the subsoil showed a gravelly structure with p_H-values of 5,8 and more. On loamy sands melilot is more worthy of cultivation, but the results have not been favourable. As regards the yields of food on sandy soils *Melilotus albus* gives in the main crop year up to 70, on mediun soils up to 100 dt dry matter per year. The most favourable economic profit is derived from seed production. About 10 dt seeds/ha are harvested. The percentage of root is about $^1/_3$ higher than that of red clover. Of all grasses grown on sandy soils, *Festuca ovina* gave the greatest amounts of root and *Arrhenatherum elatius* the highest food yields. In North America the value of *Melilotus albus* lies above all in the structure stabilization of soils which are utilized too onesidedly; the food value plays a subordinate role. An application to the intensively utilized agriculture of Central Germany was bound to result in failures. For the future of sandy soils the breeding of an acid-tolerable melilot would be of great importance.

LITERATURVERZEICHNIS

[1] BERGER, F.: Die Anbauwürdigkeit des Bokharaklees. Dt. Landwirtsch. 1952, **3**

[2] BORKOWSKI, R. u. G. KOZERA: Wasserbedarf des Steinklees und seine Widerstandsfähigkeit gegen Dürre. Rozniki Nauk tolnizych 1957, ser. **A. 73**, 623—637

[3] GREENSHIELDS, I. E. R.: Note on Cumino sweet clover. Canad. J. Plant Sci. 1958, **38**, 507—508, Ottawa

[4] HENNING, H.: Der Schafschwingelsamenbau in der Griesen Gegend Mecklenburgs unter besonderer Berücksichtigung der unterirdischen Wurzelentwicklung der Herbst- und Frühjahrsaussaat. Wiss. Z. Univ. Rostock, math.-naturwiss. R. 1952/53, **2**

[5] KOENEKAMP, A.: Ausschnitte aus der Landwirtschaft der Nordoststaaten der USA. 1950, Berlin u. Hamburg, Verl. P. Parey

[6] PRITSCH, G.: Der Bokharaklee (*Melilotus albus*) als Futterpflanze und Verbesserer der Bienenweide. Dt. Landwirtsch. 1958, **9**, 282—285

[7] REMER, O.: Bokharaklee-Anbau 1954. Dt. Landwirtsch. 1955, **6**, 226

[8] SPECHT, G.: Beiträge zum Anbau und zur Züchtungsgrundlage vonSteinklee (*Melilotus*). Ldwirtsch. Jb. 1939, **88**, 684—648

E. WOJAHN[1]

Über den Einfluß einer Zufuhr von Untergrundsand in die Krume flachgründiger Niedermoore auf die Menge und Güte des Heuertrages und die bodenbiologische Aktivität

I. Einführung

Die Erzeugungsleistung und Rentabilität eines großen Teiles unserer Sandbodenbetriebe wird in hohem Maße von der Menge und Güte der Erträge bestimmt, die auf den ihnen zugehörigen Grünlandflächen erzielt werden. Das Grünland hat in diesen Betrieben mit nur wenig oder keinen futterwüchsigen Ackerflächen über die Weide den Sommenfutterbedarf fast ausschließlich und den Futtervorrat für die Wintermonate, vornehmlich als Heu, zu einem erheblichen Teil zu liefern. Die Menge und Güte der Grünlanderträge entscheidet hier weitgehend über Umfang und Produktivität der Viehhaltung und damit über einen wesentlichen Teil der Einkünfte. Die Verbesserung der Grünlanderträge nach Quantität und Qualität ist in den Sandbodengebieten deshalb besonders dringlich. Sie erfordert die Überführung eines möglichst hohen Anteiles des Grünlandes in intensiv bewirtschaftete Umtriebs- und Portionsweiden, die möglichst nach den von PETERSEN [16] vorgeschlagenen Prinzipien der modernen Weidewirtschaft zu Weidekombinaten zusammenzufassen sind.

Grundvoraussetzung hierfür sowie für alle anderen Intensivierungsmaßnahmen auf dem Grünlande ist die Wasserregulierung. Das bedeutet, daß alle wegen zu großer Nässe nicht weide- bzw. wechselnutzungsfähigen Grünlandflächen, die auf Niedermoor bei uns mehr als 50% ausmachen dürften, stärker zu entwässern sind, als es seinerzeit bei der sehr häufig beabsichtigten Nutzung als Mähewiese erforderlich war. Dadurch entsteht zwangsläufig die Gefahr, wie es auch eine Reihe von Meliorationsprojekten, die in den letzten Jahren aufgestellt wurden, erkennen lassen, daß ein Teil der im Gelände höher gelegenen Moorflächen zur Grünlandnutzung zu trocken werden. In der Regel handelt es sich dabei um flachgründige, meist sandunterlagerte, etwa 3 bis 6 dm mächtige Niedermoorböden, die HUSEMANN [8] wegen der ungünstigen Struktur der Oberflächenschicht und wegen der unzureichenden und stark schwankenden Wasserversorgung in die schlechteste Bewertungsgruppe, die Gruppe III, einstuft.

[1] Dr. Eberhard WOJAHN
Direktor des Institutes für Landeskultur und Standortkartierung des Ministeriums für Landwirtschaft, Erfassung und Forstwirtschaft

Nicht selten ist man geneigt, derartige ertragsunsichere, zu trocken gewordene Grünlandstandorte, die bereits heute, insbesondere in den Randzonen unserer großen Moorgebiete, recht verbreitet sind, in Ackernutzung zu nehmen. Die ackerbauliche Nutzung dieser zur Trockenheit neigenden Niedermoorböden ist aber mit einer Reihe von Schwierigkeiten verbunden. Sie äußern sich vor allem in unliebsamen Strukturveränderungen der Oberflächenschicht und in Bodenverwehungen, in weiten Temperaturamplituden der bodennahen Luftschicht und in Spät- und Frühfrösten, die wegen der Austrocknungsgefahr in den oberen Zentimetern des Bodenprofils hier besonders häufig auftreten, sowie in einer großen Unkrautwüchsigkeit, die noch dazu mit nicht unerheblichen Erschwernissen bei der mechanischen Unkrautbekämpfung verbunden ist. Auch ist eine häufige und mehrere Jahre währende ackerbauliche Nutzung solcher Niedermoorflächen in Schwarzkultur nicht ohne Gefahr für die Fruchtbarkeit dieser Standorte, was sich auf Grund einer Reihe von Beobachtungen und Untersuchungen in den letzten Jahren immer deutlicher herausschälte und in einem rapiden Schwinden des die Fruchtbarkeit dieser Böden bedingenden organischen Materials zum Ausdruck kommt [12, 22 u. a.].

Ein sehr geeignetes Mittel, diesen besonders bei stärkerer Entwässerung auftretenden unerwünschten Eigenheiten des Niedermoores entgegenzuwirken, ist die Besandung [2, 3, 17, 18, 20, 23, 25 u.a.]. Dies Verfahren, das zu Anfang und Mitte des vorigen Jahrhunderts in Mecklenburg durch Carl POGGE und im Drömling durch Theodor-Hermann RIMPAU erfunden und in großem Umfange angewandt wurde, ist in den letzten 2 bis 3 Jahrzehnten in erster Linie infolge des hohen Kosten- und Handarbeitsaufwandes fast völlig zum Erliegen gekommen. Wie der Verfasser an anderer Stelle [25] eingehender dargelegt hat, sind heute durch den Einsatz geeigneter Tiefkulturpflüge, ähnlich wie es seit Jahren auf Hochmoor in Nordwestdeutschland [1] geschieht, die technischen Voraussetzungen gegeben, dieses nachhaltige Meliorationsverfahren in großem Maße ohne hohe Aufwendungen vollständig mechanisiert durchzuführen. In einer Reihe von Versuchen, die in den Jahren 1956 und 1957 angelegt wurden, und über deren Ergebnisse z. T. bereits berichtet wurde [25], konnte nachgewiesen werden, daß die Pflugsanddeckkultur als Pflanzenstandort bei ackerbaulicher Nutzung den nach den alten Verfahren hergerichteten Sanddeckkulturen gegenüber als gleichwertig anzusehen ist. Im einzelnen betrifft das die Verbesserung des Bodenwasserhaushaltes, die Milderung des extremen Mikroklimas, das Ausschalten bzw. Eindämmen von Vermullung und Bodenerosion, die verbesserten Voraussetzungen für die mechanische Unkrautbekämpfung, das Fortfallen des schweren Walzens und die bessere Befahrbarkeit der Flächen im Vergleich zur Schwarzkultur. Diese durch das tiefe Wenden des Profils und durch das Aufpflügen einer geschlossenen Sanddecke erzielte Standortverbesserung bewirkte eine z. T. sehr beträchtliche Ertragssteigerung. So konnte in der Versuchsstation „Rhinluch" im Durchschnitt der 3 Versuchsjahre 1957, 1958 und 1959 auf Pflugsanddeckkultur bei PK-Düngung mit 37,8 dt/ha ein um 44% höherer und im Mittel der 3 geprüften Varianten mit mineralischer Volldüngung mit 38,7 dt/ha ein um 50% höherer Stärkeertrag als auf Schwarzkultur erzielt werden. Die Abbildung 1 mag das veranschaulichen. Recht deutliche Mehrerträge wurden in einem weiteren Versuch, über den an anderer Stelle im einzelnen zu berichten sein wird, allerdings auf Pflugsandmischkultur, bei Zuckerrüben, Futterrüben und Silomais ermittelt.

Parallel zu bzw. zusammen mit diesen Versuchen, in denen einjährige Ackerkulturen zum Anbau gelangten, wurden mit Vorbedacht sowohl im Rhinluch als auch in der Lewitz Versuche angelegt, um zu erfahren, inwieweit Pflugsandmisch- bzw. Pflugsanddeckkulturen geeignet sind, die Erträge von Grünland und Kleegras auf

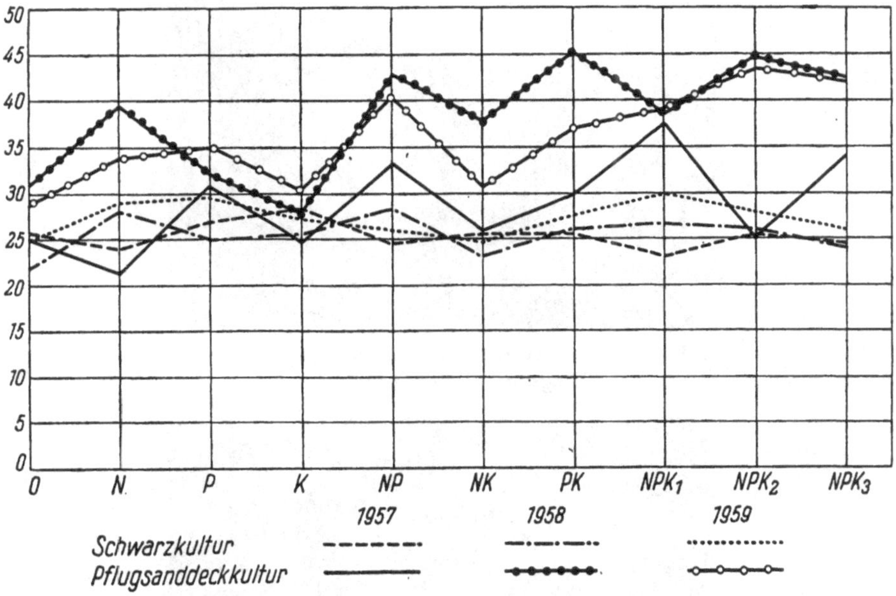

Abb. 1: Kartoffeln, Ertrag in dt/ha Stärke. Rhinluch 1957, 1958 und 1959

flachgründigen Niedermoorstandorten sowohl nach Menge als vor allem auch nach Güte zu verbessern. Die Anlage dieser Versuche war um so dringlicher, als aus älteren Untersuchungen kaum exaktes Material, mit Ausnahme der Arbeiten von WITTMACK [24] und SOMBART [zit. 21], zugänglich ist, das Auskunft über die Ertragsbeeinflussung von Grünland und Kleegras durch Besandung flachgründiger Niedermoorstandorte gibt. Vollständig fehlen genaue Untersuchungen über den Einfluß dieser Meliorationsverfahren auf die Qualität des Futters, obwohl es insbesondere in älteren Arbeiten [18] nicht an entsprechenden Beobachtungen fehlt, die an Weidetieren und Pflanzenbeständen gemacht wurden. Wie bedeutungsvoll und notwendig andererseits aber gerade eine qualitative Verbesserung insbesondere des auf Niedermoor erzeugten Weide- und Raufutters ist, haben mit aller Deutlichkeit die Untersuchungen der letzten Jahre ergeben. Darüber hinaus hat die Möglichkeit der mechanisierten Übersandung von Niedermoorgrünland in letzter Zeit sehr an Bedeutung gewonnen, weil die Verbesserung der Trittfestigkeit der Narbe bei dem Auftrieb großer Herden mit hohen Besatzdichten, wie sie eine moderne Weidewirtschaft erfordert, immer notwendiger wird.

II. Die Anlage der Feldversuche und die Standortbeschreibung

Die Anlage des Versuches im Rhinluch erfolgte im April/Mai 1956 in 3 Pflugtiefen (20, 40 und 60 cm) in fünffacher Wiederholung. Zum Einsatz gelangte der unver-

Abb. 2: Bodenprofil nach dem Pflügen auf 60 cm (Pflugsandmischkultur 60 cm)

Abb. 3: Natürliches Bodenprofil der Versuchsfläche. Im Rhinluch (Schwarzkultur)

änderte Tiefpflug CE-24 D2 vom VEB BBG Leipzig, mit dem eine Pflugtiefe von 65 bis 70 cm zu erreichen ist. Beabsichtigt war zunächst, in der Variante mit der Pflugtiefe von 60 cm eine Sanddeckkultur zu schaffen. Das war, wie sich im Verlaufe der Arbeiten herausstellte, mit dem genannten einscharigen Tiefpflug nicht möglich, da eine zu starke Vermischung der Torfschicht mit dem heraufgepflügten, nicht weit genug nach oben transportierten und deshalb in die Pflugfurche zurückfallenden Untergrundsand erfolgte. Das so entstandene Profil (Abb. 2), das zusammen mit den Profilaufnahmen der Schwarzkultur (20 cm tiefe Pflugfurche) (Abbildung 3) und dem Profil nach dem Pflügen auf 40 cm Tiefe (Abbildung 4)

Abb. 4: Bodenprofil vom gleichen Standort nach dem Pflügen auf 40 cm Tiefe (Pflugsandmischkultur 40 cm)

Abb. 5: Bodenprofil wie auf Abb. 2 nach dreijähriger Ackernutzung (Pflugsandmischkultur 60 cm)

vergleichsweise wiedergegeben ist, gleicht mehr einer Sandmisch- als einer Sanddeckkultur. Noch deutlicher kommt das in dem Profil (Abbildung 5), das im

Herbst 1958 nach dreijähriger Ackernutzung aufgenommen wurde und in Abbildung 6 zum Ausdruck, die nach der normal tief gezogenen Frühjahrsfurche 1957 gemacht wurde. Erst nach Abänderung des Pfluges durch Anbringen eines Vorschares, das die Torfauflage in die vorangegangene Pflugfurche zu kippen hat,

Abb. 6: Pflugsandmischkultur 60 cm nach dem Ziehen der Frühjahrsfurche 1957, die quer zur Pflugrichtung des meliorativen Pflügens gelegt wurde.

Abb. 7: Der abgeänderte Tiefpflug CE 24—D2 mit angebauter Vorschar und verlängertem Streichblech am Hauptpflugkörper

und gewundener Verlängerung des Hauptpflugkörpers (Abbildung 7) konnte im Frühjahr 1957 bei der Anlage eines weiteren Versuches im Rhinluch eine befriedigende Arbeitsweise des Pfluges erreicht werden (Abbildungen 8 u. 9). Bei der Anlage des in seinen Ergebnissen noch zu besprechenden Grünlandversuches in der Lewitz im Frühjahr 1957 wurde ebenfalls ein wie beschrieben veränderter Tiefpflug eingesetzt.

Auf beiden Versuchsstandorten handelt es sich um flachgründige, sandunterlagerte Niedermoorböden. Die Torfmächtigkeit liegt im Mittel bei 3,5 dcm mit Schwankungen zwischen 2,5 und 5,0 dcm. Die wichtigsten Daten der Bodenuntersuchung sind in Tabelle 1 wiedergegeben.

Die Grundwasserstände lagen in der Lewitz im Durchschnitt der Monate Mai bis September 1958 bei 78 cm und 1959 bei 81 cm unter Flur. Als höchster und nied-

Abb. 8: Der Pflug wie auf Abb. 7 bei der Arbeit

Abb. 9: Bodenprofil einer mit dem abgeänderten CE 24—D2 hergestellten Pflugsanddecke

rigster Grundwasserstand wurden 1958 51 cm und 88 cm, 1959 50 cm und 106 cm unter Flur gemessen, wobei die Werte von 51 bzw. 50 cm nur für sehr kurze Zeiträume Gültigkeit hatten. Im Rhinluch lag der Grundwasserstand während der Vegetationsperiode 1957 bei 90 cm, 1958 bei 93 cm und 1959 bei 95 cm unter Flur. Die Schwankungen um diese Mittelwerte nach oben und unten waren mit 10 bis 20 cm geringer als in der Lewitz.

TABELLE 1

Kurze Charakteristik des Bodens auf den Versuchsfeldern

Boden-horizont	Versuchs-feld	Asche %	P_H (n-KCl)	N %	Korngrößenzusammensetzung des Untergrundsandes in % (nach ATTABERG)				
					< 0,0002 mm	0,002 —0,02 mm	< 0,02 mm	0,02 —0,2 mm	0,2 —2,0 mm
Torf-auflage	Rhinluch	25,5—69,0	4,5	2,2					
	Lewitz	25,1—64,7	4,3	2,4					
Minerali-scher Unter-grund	Rhinluch	91,5—99,1	4,8	0,1	3,9	4,9	8,8	25,5	65,7
	Lewitz	93,3—98,0	4,2	0,1	2,7	3,2	5,9	8,4	85,7

III. Die Versuchs- und Untersuchungsergebnisse aus den Feldversuchen sowie deren Diskussion

Die Untersuchungen, über die hier berichtet werden soll, wurden im Rhinluch an einer Grünlandneuansaat aus dem Jahre 1956 sowie an unterschiedlich alten Kleegrasbeständen durchgeführt. Letztere wurden im Rahmen einer siebenfeldrigen Futterfruchtfolge in den Jahren 1956, 1957 und 1958 angesät. Die Versuchsergebnisse sind in den Tabellen 2 und 3 aufgeführt.

Wie den Zahlenangaben zu entnehmen ist, wurde von der Grünlandneuansaat aus dem Jahre 1956 im Mittel der drei Versuchsjahre bei ausschließlicher PK-Düngung auf den durch 60 cm tiefes Pflügen hergestellten Sandmischkulturen mit 70 dt/ha der höchste Trockensubstanz- und mit 7,2 dt/ha der höchste Rohproteinertrag erzielt. Deutlich überlegen ist die Pflugsandmischkultur 60 cm der Schwarzkultur im gewogenen Mittel der drei Versuchsjahre auch im prozentischen CaO-Gehalt der Erntetrockensubstanz (0,99%). Diese Tendenz läßt sich in allen Versuchsjahren erkennen und ist im ersten Hauptnutzungsjahr am deutlichsten. Keine erwähnenswerten Unterschiede zwischen Schwarzkultur und Pflugsandmischkultur 60 cm sind im Mittel der drei Jahre sowie auch in den einzelnen Jahren im prozentischen Rohprotein- und Phosphorsäuregehalt des geernteten Trockengutes zu verzeichnen. Lediglich bei mineralischer Volldüngung (60 kg N/ha, 54 kg P_2O_5/ha, 160 kg K_2O/ha) lag der Rohproteingehalt im Erntegut der Pflugsandmischkultur 1959 um 1,1% höher als auf der Schwarzkultur. Eine Zwischenstellung nimmt, was die Höhe des Ertrages und die untersuchten Inhaltsstoffe betrifft, die Pflugsandmischkultur 40 cm ein.

Weitgehend mit den Ergebnissen der Grünlandneuansaat stimmen die auf den 1956 angesäten Kleegrasparzellen erzielten Resultate überein. Bei absolut niedrigeren Erträgen sind hier die Unterschiede im Trockensubstanz- und Rohproteinertrag wie auch im CaO-Gehalt im Mittel der Versuchsjahre ausgeprägter. Wie bei der Grünlandneuansaat liegt der CaO-Gehalt im Erntegut der

TABELLE 2

Erträge von Grünland und Kleegras, Rhinluch 1957 bis 1959

Jahr	N-Düngung	Schwarzkultur 20 cm					Pflugsandmischkultur 40 cm							Pflugsandmischkultur 60 cm						
		Trockensubstanz	Rohprotein		P_2O_5 *	CaO *	Trockensubstanz		Rohprotein			P_2O_5*	CaO*	Trockensubstanz		Rohprotein			P_2O_5*	CaO*
		dt/ha	%	dt/ha	%	%	dt/ha	Rel. **	%	dt/ha	Rel. **	%	%	dt/ha	Rel. **	%	dt/ha	Rel. **	%	%
							1. Grünland (Ansaat 1956)													
1957	ohne	87,9	11,7	10,2	0,40	1,07	88,4	101	12,9	11,4	112	0,38	1,23	92,3	105	12,0	11,2	109	0,42	1,36
1958	ohne	57,6	10,6	6,1	0,75	0,56	57,7	100	10,4	6,0	99	0,81	0,69	64,3	112	9,5	6,1	101	0,72	0,68
1959	ohne	51,9	7,5	3,9	0,78	0,54	51,2	99	7,8	4,0	102	0,76	0,49	53,6	103	8,2	4,4	113	0,78	0,60
1959	60 kg N/ha	62,1	8,8	5,5	0,78	0,54	62,8	101	8,8	5,6	102	0,73	0,50	67,9	110	9,7	5,9	108	0,70	0,62
Mittel	ohne	65,8	10,2	6,7	0,62	0,86	65,8	100	10,8	7,1	106	0,60	0,91	70,0	106	10,3	7,2	108	0,61	0,99
Mittel	1957 u. 58 ohne, 1959 mit	69,2	10,5	7,3	0,62	0,86	69,6	101	11,1	7,7	106	0,60	0,91	74,8	108	10,3	7,7	106	0,59	0,99
							2. Kleegras (Ansaat 1956)													
1957	ohne	74,1	10,3	7,6	0,50	1,06	76,6	103	11,0	8,5	111	0,44	1,25	89,5	121	12,5	11,2	146	0,49	1,50
1958	ohne	53,4	9,5	5,1	0,69	0,43	50,9	95	11,1	5,6	111	0,69	0,61	46,7	87	9,3	4,4	85	0,64	0,60
1959	ohne	37,7	10,0	3,8	0,62	0,70	41,3	110	9,2	3,8	100	0,65	0,55	41,3	110	9,5	3,9	103	0,52	0,62
1959	60 kg N/ha	48,7	10,2	5,0	0,62	0,59	53,1	109	9,8	5,2	104	0,61	0,64	54,6	111	9,6	5,2	104	0,65	0,57
Mittel	ohne	55,1	10,0	5,5	0,59	0,78	56,3	102	10,7	6,0	109	0,56	0,88	59,2	107	11,0	6,5	118	0,54	1,08
Mittel	1957 u. 58 ohne, 1959 mit	58,7	10,0	5,9	0,59	0,76	60,2	103	10,6	6,4	109	0,56	0,89	63,6	108	10,9	6,9	117	0,57	1,06

* 1959 nur 1. Schnitt. — ** Schwarzkultur jeweils = 100

TABELLE 3

Erträge von Grünland und Kleegras, Rhinluch 1957 bis 1959

Jahr	N-Düngung	Schwarzkultur 20 cm					Pflugsandmischkultur 40 cm							Pflugsandmischkultur 60 cm						
		Trockensubstanz dt/ha	Rohprotein %	Rohprotein dt/ha	P_2O_5 * %	CaO * %	Trockensubstanz dt/ha	Trockensubstanz Rel. **	Rohprotein %	Rohprotein dt/ha	Rohprotein Rel. **	P_2O_5* %	CaO* %	Trockensubstanz dt/ha	Trockensubstanz Rel. **	Rohprotein %	Rohprotein dt/ha	Rohprotein Rel. **	P_2O_5* %	CaO* %
3. Kleesaat (Ansaat 1957)																				
1958	ohne	61,9	11,2	6,9	0,76	0,57	66,8	108	11,3	7,5	108	0,74	0,62	64,2	104	10,9	7,0	100	0,64	0,64
1959	ohne	56,5	8,9	5,1	0,60	0,36	56,1	99	8,4	4,7	93	0,60	0,38	53,4	94	9,0	4,8	95	0,70	0,58
1959	60 kg N/ha	72,7	8,5	6,2	0,59	0,47	66,5	91	8,7	5,8	95	0,60	0,38	70,4	97	9,7	6,8	110	0,64	0,36
Mittel	ohne	59,2	10,1	6,0	0,70	0,49	61,4	104	10,0	6,2	102	0,68	0,53	58,8	99	10,0	5,9	98	0,66	0,62
Mittel	1958 ohne 1959 mit	67,3	9,7	6,5	0,69	0,53	66,6	99	10,0	6,7	102	0,69	0,56	67,3	100	10,3	6,9	106	0,64	0,53
4. Kleegras (Ansaat 1958)																				
1959	ohne	64,7	8,9	5,8	0,75	0,72	75,9	117	8,9	6,8	117	0,60	0,69	74,7	115	9,3	6,9	119	0,72	1,14
1959	250 dt/ha Stallmist	77,3	8,7	6,7	0,62	0,62	80,5	104	8,7	7,0	104	0,80	0,67	85,6	111	9,0	7,8	116	0,53	0,65
Mittel	ohne und mit	71,0	8,8	6,3	0,68	0,67	78,2	110	8,8	6,9	110	0,70	0,68	80,2	113	9,2	7,4	118	0,62	0,89
5. Im Mittel aller Parzellen und Jahre																				
		63,4	10,0	6,3	0,63	0,73	64,9	102	10,3	6,7	106	0,62	0,80	67,5	107	10,4	7,0	111	0,60	0,93

* 1959 nur 1. Schnitt. — ** Schwarzkultur jeweils = 100

Pflugsandmischkultur im 1. Jahr sehr viel höher als auf der Schwarzkultur. Beträchtlich über den im Erntegut der Schwarzkultur ermittelten Werten liegt im 1. Hauptnutzungsjahr des Kleegrases auch der Rohproteingehalt des Futters, das auf der Pflugsandmischkultur 60 cm erzeugt wurde. Dieser sehr viel höhere CaO-Gehalt und beim Kleegras auch der deutlich höhere Rohproteingehalt in dem von der Pflugsandmischkultur 60 cm stammenden Futter des 1. Hauptnutzungsjahres ist in erster Linie auf den hier größeren Kleeanteil zurückzuführen. Er lag, wie der Tabelle 4 zu entnehmen ist, bei der Grünlandneuansaat mit rund 40% um das dreifache und beim Kleegras mit rund 45% um das fünffache höher als im Erntegut von der jeweiligen Schwarzkultur. Vom zweiten

TABELLE 4

Ertragsanteile der Grünlandneuansaat und des Kleegrases 1957

	Schwarzkultur (20 cm)		Pflugsandmischkultur (40 cm)		Pflugsandmischkultur (60 cm)	
	Klee %	Gras %	Klee %	Gras %	Klee %	Gras %
Grünland	12,1	85,8	19,1	73,3	40,3	58,0
Kleegras	9,8	81,8	21,9	75,3	45,2	43,9

Hauptnutzungsjahr an waren die Klee-Arten übereinstimmend in allen Versuchsparzellen nur noch in Spuren im Erntegut vertreten. Auch hinsichtlich der Zusammensetzung der Graskomponente war kein eindeutiger Unterschied erkennbar.

In der Tendenz nicht wesentlich andere Ergebnisse erbrachten die in den Jahren 1957 und 1958 angesäten Kleegrasgemische (Tabelle 3). Die weniger klare Überlegenheit des 1957 angesäten Kleegrasgemisches auf dieser Pflugsandmischkultur 60 cm im Ertrag und prozentischen CaO-Gehalt des Jahres 1958, der sich im Jahre 1959 teilweise sogar eine leichte Unterlegenheit anschloß, dürfte ihre Ursache in den starken *Tipula*-Schäden haben, die in dem *Tipula*-Jahr 1958 junge kleereiche Futterpflanzenbestände besonders stark in Mitleidenschaft zogen. So ergab die botanische Ertragsanalyse im Gegensatz zu allen anderen Jahren bei diesem im ersten Hauptnutzungsjahr stehenden Kleegrasgemisch wider den Erwartungen auf der Pflugsandmischkultur keinen höheren Kleeanteil im Erntegut. Recht eindeutig überlegen war die Pflugsandmischkultur 60 cm der Schwarzkultur wieder bei dem 1958 angesäten Kleegrasgemisch, und zwar sowohl im Trockensubstanz- und Rohproteinertrag als auch im Rohprotein- und CaO-Gehalt des Erntegutes.

Im Mittel aller Versuchsjahre und Parzellen ist eine bemerkenswerte Überlegenheit der durch ein tiefes Pflügen auf 60 cm hergestellten Pflugsandmischkultur über die Schwarzkultur im Rohproteinertrag in Höhe von 11% und im prozentischen CaO-Gehalt des Erntegutes von 0,20% festzustellen. Überlegen erwies sich die Pflugsandmischkultur in diesem Versuch im Mittel aller Jahre und Parzellen, aber auch im Trockensubstanzertrag und im Rohproteingehalt.

Im Phosphorsäuregehalt ergeben sich keine Unterschiede zwischen Schwarzkultur und Pflugsandmischkultur. Er befriedigt sowohl in dem auf der Schwarzkultur als auch in dem auf der Pflugsandmischkultur 60 cm erzeugten Futter. Die zu fordernden Mindestgehalte im Heu in Höhe von 0,48% P_2O_5 [13] (= 0,56% in der Trockensubstanz) werden jeweils insgesamt nur zweimal nicht erreicht. Als nicht ausreichend sind die CaO-Gehalte anzusehen. Die von der Qualitätsseite an das Heu zu stellenden Anforderungen (1,0% CaO) (= 1,16% in der Trockensubstanz werden im Mittel aller Jahre auf der Pflugsandmischkultur 60 cm zwar annähernd erreicht, liegen aber bei Betrachtung der Einzelwerte überwiegend weit unter diesem Grenzwert. Nur in den Fällen, in denen ein höherer Kleeanteil an der Ertragsbildung beteiligt war, konnte er überschritten werden. Nicht übersehen werden darf aber trotzdem die Tatsache, daß der CaO-Gehalt im Futter von der Pflugsandmischkultur 60 cm in 10 von 13 Einzelwerten über den Analysenwerten lag, die am Erntegut der Schwarzkultur ermittelt wurden. Inwieweit es sich hierbei um eine Erscheinung handelt, die nicht bzw. nicht nur durch eine Verschiebung in der botanischen Ertragszusammensetzung bedingt ist, sondern durch eine „echte" Verbesserung der Kalkaufnahmefähigkeit, die letzterdings auf die Einmischung von Untergrundsand in die Torfschicht zurückzuführen wäre, kann hier nur vermutet werden. Dringend notwendige physiologische Untersuchungen sollten hier bald Klarheit schaffen.

Weitgehend gleichsinnige Ergebnisse erbrachte der in der Lewitz 1957 angelegte Versuch. In der Tabelle 5 sind auszugsweise die Ernteergebnisse der wichtigsten Versuchsvarianten mitgeteilt. Auch auf diesem Standort, der vor allem hinsichtlich seiner Wasserverhältnisse für eine Grünlandnutzung besser geeignet ist als der des Versuchsfeldes im Rhinluch, wurden auf den mit dem Tiefpflug meliorierten Parzellen, in diesem Falle auf der Pflugsanddecke, trotz der an sich schon sehr hohen Erträge der Schwarzkultur, insbesondere in dem trockenen Jahr 1959, deutlich höhere Trockensubstanzernten erzielt. Wie es im Rhinluch bei der Kleegrasansaat 1957 der Fall war, so konnten auch hier 1958 und erst recht 1959 keine Unterschiede im Kleeanteil und im Anteil der Graskomponenten am Ertrag festgestellt werden. Eine nicht minder große Überlegenheit der Pflugsanddeckkultur über die Schwarzkultur wie 1959 ist in der Lewitz auch in diesem Jahr (1960) zu erwarten.

Bei den hier vorgelegten Untersuchungsergebnissen handelt es sich in allen Fällen um junge Bestände mehrjähriger Futterpflanzen. Ob die genannte Überlegenheit der Pflugsanddeck- bzw. Pflugsandmischkultur über die Schwarzkultur in Menge und Güte des Ertrages auch bei länger währender Nutzung mehrjähriger Futterpflanzenbestände bzw. bei Dauergrünland eintreten wird, bleibt abzuwarten. Wie das Ergebnis auch ausfallen mag, kann auf Grund des vorliegenden Untersuchungsmaterials heute doch schon ausgesagt werden, daß bei Nutzung dieser Niedermoorböden als periodisches Umbruchsgrünland oder Wechselnutzungsgrünland auf Pflugsandmisch- und Pflugsanddeckkulturen quantitativ und qualitativ höhere Ernten zu erzielen sind als bei Nutzung in Schwarzkultur. Da auch eine Reihe von vornehmlich für Futterzwecke geeigneten einjährigen Ackerkulturen auf den

TABELLE 5

Grünlanderträge, Lewitz 1958 und 1959

(Ansaat 1957)

Variante Nr.	Düngung **	1958 Schwarzkultur Trockensubstanz dt/ha	1958 Pflugsanddecke Trockensubstanz dt/ha	1958 Pflugsanddecke Rel.*	1959 Schwarzkultur Trockensubstanz dt/ha	1959 Pflugsanddecke Trockensubstanz dt/ha	1959 Pflugsanddecke Rel.*	Mittel 1958/59 Schwarzkultur Trockensubstanz dt/ha	Mittel 1958/59 Pflugsanddecke Trockensubstanz dt/ha	Mittel 1958/59 Pflugsanddecke Rel.*
1	NzPzK	85,3	86,8	101	74,6	91,8	123	80,–	89,3	112
2	NP	79,2	90,4	114	66,3	83,–	125	72,7	86,7	119
3	NK	95,9	89,6	94	86,5	94,8	110	91,2	92,4	101
4	PK	82,2	102,7	124	73,–	85,3	117	77,6	94,–	121
5	NPK	98,2	96,8	98	84,5	102,7	122	91,4	99,8	109
6	2-NPK	114,1	119,8	105	95,6	108,7	114	104,8	114,3	109
Mittel		92,6	97,7	105	80,1	94,4	118	86,3	96,1	111

* Schwarzkultur jeweils = 100
** Nz = 15 kg N (Zuteilung); Pz = 18 kg P_2O_5 (Zuteilung); N = 60 kg N; P = 54 kg P_2O_5; K = 160 kg K_2O/ha

so meliorierten Standorten höhere Erträge erbringen und ein häufigeres Bearbeiten des Bodens nach der Besandung ohne die mit der Schwarzkultur verbundenen Gefahren für die Bodenfruchtbarkeit angängig ist, eröffnet sich somit eine neue Möglichkeit, die auf der Grenze zwischen Sand und Moor liegenden, in Schwarzkultur unsicheren Grünland- und Ackerstandorte einer höheren Ertragsleistung zuzuführen. Außerdem ermöglicht die durch das Besanden hervorgerufene verbesserte Trittfestigkeit der Flächen auch das volle Beweiden noch junger Umbruchsgrünland- und Kleegrasbestände. Inwieweit auch auf feuchteren Moorgrünlandstandorten eine günstige oder doch überwiegend günstige Auswirkung der Pflugsandmisch- bzw. Pflugsanddeckkultur zu erwarten ist, kann auf Grund der vorliegenden Ergebnisse nicht mit Sicherheit entschieden werden. Ähnlich wie es bei ackerbaulicher Nutzung der Fall ist [25], dürften in feuchteren Lagen sehr bald aber mehr Nachteile als Vorteile mit dem Heraufpflügen von Untergrundsand verbunden sein, die sich auf Grund älterer Untersuchungen über die Besandung vor allem in einer schnellen Verbinsung und mangelhaften Wuchsfreudigkeit äußern. Nicht eindeutig läßt sich ferner auf Grund dieses Materials die Frage beantworten, inwieweit bei Kleegras- oder Grünlandnutzung die Pflugsandmischkultur oder die Pflugsanddeckkultur vorteilhafter ist und inwieweit durch das Aufpflügen bzw. Einmischen von Untergrundsand eine gewisse Konservierung des organischen Materials bzw. eine schnellere Mineralisation der Torfsubstanz erfolgt. Zur Klärung dieser Probleme waren eingehendere bodenbiologische und bodenchemische Untersuchungen erforderlich, die aus Zweckmäßigkeitsgründen an einem Modellversuch im Roten Luch durchgeführt wurden.

IV. Untersuchungen über die bodenbiologische Aktivität in Sanddeck- und Sandmischkulturen

Der erwähnte Modellversuch wurde auf einem flachgründigen, 3—4 dm mächtigen Niedermoorstandort angelegt, der den im Rhinluch gegebenen Standortverhältnissen weitgehend entspricht. In vierfacher Wiederholung gegenübergestellt und bodenbiologisch untersucht wurden die Varianten Schwarzkultur, Sanddeckkultur (Sand aufgefahren), Sanddeckkultur rigolt, Sandmischkultur rigolt und Sandmischkultur (Sand aufgefahren). Die Anlage des Versuches wurde im zeitigen Frühjahr 1958 vorgenommen. Die Herstellung der Sanddeck- und Sandmischkultur rigolt erfolgte mit dem Spaten, indem die Torfschicht und der mineralische Untergrund auf eine solche Tiefe getrennt ausgehoben wurden, daß eine 15 cm starke Schicht Untergrundsand erfaßt wurde. Diese 15 cm starke Schicht Untergrundsand wurde danach bei der Verfüllung des Materials zur Herrichtung der Sanddeckkultur als Sanddecke auf die nach unten gebrachte ehemalige Torfauflage geschichtet. Zur Herrichtung der Sandmischkultur rigolt wurde das gesamte ausgehobene Bodenmaterial im Volumenverhältnis $^1/_3$ Untergrundsand: $^2/_3$ Torf gemischt und verfüllt. Die nicht rigolte Sandmisch- und Sanddeckkultur, hier einfach Sandmisch- und Sanddeckkultur genannt, wurde durch Aufbringen von herangefahrenem Sand hergestellt, nachdem zuvor die Torfauflage mit dem Spaten umgegraben worden war. Die Düngung bestand einheitlich aus 3 dt/ha 40%igem Kali und 3 dt/ha Superphosphat. Auf den so hergerichteten Parzellen gelangten in beiden Versuchsjahren (1958 und 1959) Kleegras und Hanf zum Anbau. Von einer Mitteilung der Versuchs- und Untersuchungsergebnisse der Hanfparzellen sowie der teilweise mit in die Untersuchung einbezogenen alten Dauergrünlandparzellen wird hier abgesehen. Auch werden und können im Rahmen dieses Aufsatzes nur einige wichtige Ergebnisse aus den Untersuchungen unter den Kleegrasparzellen mitgeteilt werden. Eine kritische Betrachtung der vielerlei Wechselbeziehungen und der Bodenfeuchtedynamik muß einer weiteren Arbeit vorbehalten bleiben.

Die in den beiden Jahren auf den einzelnen Parzellen erzielten Kleegraserträge sind aus der Tabelle 6 ersichtlich. Den höchsten Trockensubstanz- und Rohproteinertrag haben im Durchschnitt beider Jahre die Sanddeckkulturen gebracht. Sie waren somit nicht nur den Schwarz-, sondern auch den Sandmischkulturen überlegen. Gegenüber der durch Auffahren von Sand hergerichteten Sandmischkultur war letzteres am deutlichsten der Fall. Ein Vergleich mit den in den Feldversuchen erzielten Ertragsergebnissen, die im Abschnitt III diskutiert wurden, ergibt in der Höhe der im Vergleich zur Schwarzkultur erzielten Mehrerträge eine weitgehende Übereinstimmung mit den hier erreichten Resultaten. Ganz besonders trifft das auf die Sanddeckkultur rigolt und die Ertragsergebnisse von der Pflugsanddeckkultur aus der Lewitz zu.

Aber auch die auf den Sandmischkulturen des Modellversuches im Vergleich zur Schwarzkultur erzielten Mehrerträge scheinen sich mit denen von der Pflugsandmischkultur 60 cm des Versuchsfeldes im Rhinluch zu decken. Unter Vorbehalt kann man daraus schlußfolgern, daß die Sanddeckkultur der Sandmischkultur auch bei Kleegras- bzw. Grünlandnutzung überlegen zu sein scheint, wie es sich auf Grund älterer Arbeiten bei ackerbaulicher Nutzung erwiesen hat.

Einblick in die Intensität der in den unterschiedlich behandelten Parzellen ablaufenden bodenbiologischen Vorgänge gewährten uns die nachfolgend mitgeteilten Untersuchungen. Diese mikrobiologischen Untersuchungen, die in der Hand von Dipl.-Landw. DOERNER lagen, wurden in 3 Versuchsabschnitten im Herbst 1958, Vorsommer 1959 und Herbst 1959 mit jeweils mehreren Versuchsperioden durchgeführt. In methodischer Hinsicht lehnten wir uns unter Beachtung einiger für das Niedermoor geltender Besonderheiten weitgehend an die von FEHER [11] und MÜLLER [10 u. 11] mit ihren Vor- und Nachteilen eingehend beschriebene Verfahrensweise an. Die so über die Plattengußmethode, also in indirekter Auszählung, ermittelten Keimzahlen als Maßstab für die biologische Aktivität im Boden sind für die genannten Versuchsabschnitte in Tabelle 7 zusammengestellt.

Um einen Überblick über die Aktivität im gesamten Profil zu bekommen, erfolgte die Probeentnahme zur Keimzahlermittlung sowie für die Bodenfeuchte-, Bodennitrat- und Bodenammoniakbestimmungen aus den 3 Bodenhorizonten 10, 30 und 50 cm. Die in Tabelle 7 enthaltenen Werte sind somit Mittelwerte aus diesen 3 Schichten und repräsentieren damit die gesamte erfaßte Profiltiefe. Die Keimzahlen sind bei Bakterien in 100000/cm^3 Boden, bei mikroskopischen Bodenpilzen in 1000/cm^3 Boden angegeben.

Betrachtet man zunächst einmal die aus den 3 Versuchsabschnitten gebildeten Mittelwerte, so ergibt sich die höchste biologische Aktivität, gemessen an den über die indirekte Auszählung ermittelten Keimzahlen, im Boden der Sanddeckkultur rigolt und der Sandmischkultur rigolt. (Die beiden jeweils höchsten Werte wurden zum leichteren Lesen der Tabelle hervorgehoben.) Sehr gut stimmt das auch mit den ermittelten Nitratwerten sowie dem Verhältnis von Nitrat: Ammoniak überein, das nach RIPPEL-BALDES als brauchbares Maß zur Kennzeichnung der biologischen Aktivität angesehen werden kann. Je weiter dies Verhältnis zugunsten des Nitrates ist, um so größer ist die mikrobiologische Tätigkeit. Nimmt man eine gleiche Bewertung für die Mittel der einzelnen Versuchsabschnitte vor, so ergibt sich folgerichtig das gleiche Bild. Bemerkenswert ist vor allem die Tatsache, daß diese beiden Varianten im Vergleich zu allen anderen in den Pilzkeimzahlen und den am Stickstoffhaushalt des Bodens beteiligten Bakteriengruppen sehr eindeutig höhere Werte erkennen lassen, was dann auch in den höheren Nitratzahlen seinen Niederschlag findet.

Durch diese Untersuchungsergebnisse ist der Nachweis erbracht, daß — zumindest unter den hier obwaltenden und unter sehr ähnlichen Standortsbedingungen — das Aufbringen einer Sanddeckschicht von ca. 15 cm, insbesondere bei allen Bodenmeliorationsmaßnahmen, die eine dem Rigolen ähnliche Profilumgestaltung mit sich bringen, keine Herabsetzung oder gar Unterbindung der aeroben Umsetzungsprozesse, d. h. des Mineralisationsvorganges, bewirkt. Vielmehr wird unter den Versuchsverhältnissen gleicher oder ähnlicher Bedingungen eine höhere

TABELLE 6
Modellversuch Rotes Luch, Kleegraserträge

Variante		1958					1959					Mittel 58/59				
Nr.	Bezeichnung	Trockensubstanz		Rohprotein			Trockensubstanz		Rohprotein			Trockensubstanz		Rohprotein		
		dt/ha	Rel.	%	dt/ha	Rel.	dt/ha	Rel.	%	dt/ha	Rel.	dt/ha	Rel.	%	dt/ha	Rel.
1	Schwarzkultur	43,1	100	16,2	7,0	100	77,5	100	10,2	7,9	100	60,3	100	12,4	7,5	100
2	Sanddeckkultur (Sand aufgefahr.)	54,7	127	19,7	10,8	154	79,0	102	11,6	9,2	116	66,9	111	14,9	10,0	133
3	Sanddeckkultur rigolt	47,0	109	19,4	9,1	130	94,3	122	10,3	9,7	122	70,7	117	13,3	9,4	125
4	Sandmischkultur rigolt	45,6	106	18,0	8,2	117	80,1	103	11,8	9,5	120	62,9	104	14,1	8,9	119
5	Sandmischkultur (Sand aufgefahr.)	44,2	103	18,6	8,2	117	77,9	100	9,9	7,7	97	61,1	101	13,1	8,0	107

TABELLE 7
Keimzahlen, Bodennitrat und Bodenammoniak unter Kleegras
Herbst 1958, Frühjahr 1959 und Herbst 1959

Termin	Gesamtbakterien		N-binder		nitrifizierende Bakterien		mikroskopische Bodenpilze		NO_3		NH_4	
	$\bar{x}$	Rel.	$\bar{x}$	Rel.	$\bar{x}$	Rel.	$\bar{x}$	Rel.	mg/100 cm^3	Rel.	mg/100 cm^3	Rel.
					1. Schwarzkultur							
Herbst 1958	27,2	100	16,8	100	8,7	100	7,90	100	0,93	100	1,12	100
Frühjahr 1959	27,4	100	40,0	100	15,5	100	9,45	100	1,08	100	1,30	100
Herbst 1959	24,9	100	6,3	100	12,0	100	7,16	100	1,02	100	—	—
Mittel	26,5	100	21,0	100	12,1	100	8,17	100	1,01	100	1,21	100

2. Sanddeckkultur												
Herbst 1958	29,2	107	8,7	52	6,3	72	4,00	50	**1,23**	132	1,50	134
Frühjahr 1959	30,1	109	45,7	114	22,1	142	7,20	76	0,89	83	1,51	116
Herbst 1959	**37,3**	150	5,7	90	**16,3**	136	6,30	88	1,18	116	—	—
Mittel	32,2	121	20,0	95	14,9	123	5,83	71	1,10	109	1,51	125
3. Sanddeckkultur rigolt												
Herbst 1958	27,9	102	**25,7**	153	**8,1**	93	**19,70**	249	**6,52**	701	1,31	117
Frühjahr 1959	34,1	124	51,3	128	**29,4**	190	**10,36**	112	1,01	94	1,06	82
Herbst 1959	**27,7**	110	**7,4**	118	11,5	96	**12,20**	170	**1,23**	123	—	—
Mittel	29,9	113	**28,1**	138	**16,3**	135	**14,09**	172	**2,92**	289	1,19	99
4. Sandmischkultur rigolt												
Herbst 1958	**39,2**	144	**30,3**	180	**9,0**	103	**15,50**	196	1,09	117	1,22	109
Frühjahr 1959	**44,2**	162	**57,9**	145	**36,1**	227	**10,78**	115	**1,21**	112	1,34	103
Herbst 1959	24,7	99	**7,6**	120	**17,9**	149	**8,26**	115	**1,66**	163	—	—
Mittel	36,0	136	**31,9**	152	**21,0**	173	**11,51**	141	**1,32**	131	1,28	106
5. Sandmischkultur												
Herbst 1958	**32,3**	118	8,7	52	6,3	72	4,00	50	0,96	103	0,90	80
Frühjahr 1959	**44,3**	162	**53,1**	133	21,1	136	7,97	84	0,90	84	1,27	97
Herbst 1959	22,5	90	6,0	95	8,5	71	7,00	98	1,28	127	—	—
Mittel	33,0	124	22,6	107	12,0	100	6,32	77	1,07	106	1,09	90

biologische Aktivität durch das Aufbringen bzw. Einmischen von Untergrundsand erreicht. Einmal ist dies ganz sicher auch ein Grund für die Ertragsüberlegenheit der Pflugsanddeck- und Pflugsandmischkulturen über die Schwarzkultur, vor allem was den Rohproteinertrag angeht. Zum anderen zeigen uns diese Ergebnisse, daß es auf diesen für eine Grünlandnutzung in Schwarzkultur zu tief entwässerten flachgründigen Niedermoorstandorten durch das Aufbringen einer Sanddeckschicht von 15 cm nicht möglich ist, die geringmächtige Torfauflage zu konservieren. Ist dies beabsichtigt, so muß die Sanddeckschicht sicher um das Doppelte oder gar mehr verstärkt werden.

In diesem Zusammenhang sei aber darauf hingewiesen, daß das Aufbringen einer Sanddecke trotzdem ein wirkungsvolles Mittel ist, dem auf diesen Standorten gefürchteten Moorschwund vorzubeugen, weil die Winderosion des Torfes unterbunden wird, die nach Angaben von NAGY [12] etwa 35% des Schwundes ausmacht.

Die Untersuchungen, deren Ergebnisse in dieser Arbeit mitgeteilt werden, wurden während der Tätigkeit des Verfassers als Leiter der Abteilung Moorforschung des Instituts für Grünland- und Moorforschung Paulineaue der Deutschen Akademie der Landwirtschaftswissenschaften zu Berlin, Direktor Prof. Dr. Dr. h. c. A. PETERSEN, durchgeführt.

ZUSAMMENFASSUNG

Ausgehend von der Bedeutung der Verbesserung der Grünlanderträge nach Menge und Güte für die Erzeugungsleistung und Rentabilität der Sandbodenbetriebe wird auf die Notwendigkeit der Melioration ertragsschwacher, weil oft zu weit entwässerter, flachgründiger Niedermoore hingewiesen. Nach Mitteilung von Mehrerträgen und anderer Vorteile, die durch die mechanisierte Anlage von Pflugsanddeckkulturen bei ackerbaulicher Nutzung erreicht wurden, wird an Hand 2 und 3jähriger Versuchsergebnisse dargelegt, daß auch bei Grünland- und Kleegrasnutzung durch Anlage von Pflugsanddeck- bzw. Pflugsandmischkulturen eine qualitative und quantitative Verbesserung der Erträge zu erzielen ist. Im letzten Abschnitt werden Ergebnisse aus mikrobiologischen Untersuchungen mitgeteilt, die in einem Freilandmodellversuch auf Schwarzkultur, Sanddeck- und Sandmischkultur unter Kleegrasbeständen durchgeführt wurden.

РЕЗЮМЕ

Ввиду значения улучшения урожайности лугов и пастбищ как по качеству, так и по количеству для производительности и рентабельности хозяйств с песчаной почвой, указывается на необходимость мелиорации малоурожайных, часто слишком сильно осушенных, мелких низинных болот. После сообщения о прибавках урожая и о других преимуществах, полученных вследствие механизированного пескования при помощи плуга при использовании под полевые культуры, на основе результатов двух- и трехлетних опытов излагается, что и при использовании в качестве кормовых угодий или при возделывании клевера, благодаря пескованию (перекрывая низинное болото песком или смешивая его с песком) можно добиться качественного и количественного улучшения урожаев. В последнем разделе сообщаются результаты микробиологических исследований, которые производились в модельном опыте в открытом грунте на черной культуре, на низинном болоте, перекрытом или смешанном песком под культурами смеси клевера со злаковыми.

SUMMARY

Starting from the importance of improving the grassland yields quantitatively and qualitatively for rendering farms on sandy soils productive and profitable, the necessity of meliorating low-yielding (due to severe drainage) shallow fens is pointed out. After commenting on surplus yields and other advantages achieved by a mechanized sanding of the peat surface it is shown in the light of 2 and 3 years' results of experiment that a qualitative and quantitative improvement can also be reached for the utilization of grassland and clover grass by sanding resp. mixed sanding of the peat surface. In conclusion the results of microbiological examinations are reported which have been made in a field model experiment with clover grass on unsanded peat, sanded peat and peat mixed with sand.

LITERATURVERZEICHNIS

[1] BADEN, W.: Mitteilung über die Arbeiten der Moorversuchsstation in Bremen. Festschrift zum 75jährigen Bestehen der Anstalt. 1952, Bremen, Verl. C. Schünemann

[2] BADEN, W.: Sinn und Zweck, Pflege und Nutzung der Sanddeckkultur auf Niederungsmoor. Mitt. Moorwirtsch., Beil. Dt. Landeskulturztg. 1937, 2, 298—300

[3] BRÜNE, F.: Studien über den Einfluß des Klimas auf das Gedeihen von Moorwiesen und Moorweiden. 1907, Berlin, Verl. Paul Parey

[4] BRÜNE, F.: Die neuzeitliche Moorkultur. 1929, H. 2, Berlin, Verl. Paul Parey

[5] BRÜNE, F.: Die Praxis der Moor- und Heidekultur. 1948, Berlin u. Hamburg, Verl. Paul Parey

[6] FLEISCHER, M.: Die Anlage und Bewirtschaftung von Moorwiesen und Moorweiden. 1913, 2. Aufl., Berlin, Verl. Paul Parey

[7] HOFFMANN, R.: Kultivierung von 350 Morgen im preußischen Drömling. Mitt. Moorwirtsch., Beil. Dt. Landeskulturztg. 1937, 2, 279—284

[8] HUSEMANN, C.: Die landwirtschaftliche Bewertung der Moorböden und ihre natürlichen Grundlagen. 1947, Lüneburg, Metta Kinau Verl.

[9] KORIATH, H.: Über den Einfluß der mineralischen Düngung auf Pflanzenbestand, Ertrag und Mineralstoffgehalt des Heues einiger Wiesenstandorte. Albrecht-Thaer-Arch. 1960, **4**, 195—222
[10] MÜLLER, G.: Die Wechselwirkung zwischen der Anzahl der Bodenmikroorganismen und den Standortsfaktoren usw. Vorträge aus den Gebieten Acker- und Pflanzenbau usw. 1954, 69—72, Berlin
[11] MÜLLER, G.: Untersuchungen über die Wechselbeziehung zwischen Bodenleben und Standortsfaktoren bei Futterpflanzen. 1. und 2. Mitteilung. Wiss. Z. Humboldt-Univ. 1955/56, **5**, Nr. 3 u. 4, 191—230 u. 297—320
[12] NAGY, I.: Der Boden und der Wasserhaushalt des Hanság-Gebietes. Vortrag auf der internationalen Moortagung in Kesthely (Ungarn), Sept. 1959
[13] NEHRING, K.: Das Ergebnis der Heuuntersuchungen in der DDR. Dt. Landwirtsch. 1957, **8**, 239—245
[14] NEHRING, K., und M. HOFFMANN: Die Beeinflussung der Qualität des Wiesenheues durch äußere Faktoren. Z. landwirtsch. Versuchs- u. Untersuchungswcs. 1958, **5**, 417—447
[15] PETERSEN, A.: Die neuere Rostocker Thünenforschung. Abh. Dt. Akad. Wiss. Berlin. 1952, Berlin, Akad.-Verl.
[16] PETERSEN, A., KREIL, W., und F. BERG: Intensive Wiedewirtschaft in rindviehstarken Großbetrieben. Tierzucht 1960, 14, 4. Beil. 1/1960 Grünland — Feldfutter
[17] RIMPAU, T. H.: Die Bewirtschaftung des Rittergutes Cunrau. 1887, Berlin, Verl. Paul Parey
[18] RÜBENSAM, E.: Das Besanden der Moorwiesen und Moorweiden unter besonderer Berücksichtigung der Humusbildung durch Gräser in der Sanddeckschicht. Inauguraldiss. 1950, Rostock
[19] SCHIRMER, M.: 70 Jahre Rimpausche Moordammkultur. Kulturtechniker 1934, 241—245
[20] SEELHORST, C. v.: Acker- und Wiesenbau auf Moorboden. 1892, Berlin, Verlag Paul Parey
[21] STRECKER, W.: Die Kultur der Wiesen. 1906, 2. Aufl., Berlin, Verl. Paul Parey
[22] TOTH, A,: Über den Bodenschutz unserer Flachmoore des Plattenseegebietes mit besonderer Rücksicht auf die Winderosion. Vortrag auf der internationalen Moortagung in Kesthely-Ungarn, Sept. 1958
[23] WACHS, H.: Die Auswirkung einer Zufuhr von Mineralboden auf die physikalischen Eigenschaften des Moorbodens. Mitt. Moorwirtsch., Beil. Dt. Landeskulturztg. 1937, **2**, 144—146
[24] WITTMACK, W.: Die Wiesen auf den Moordämmen in der königlichen Oberförsterei Zehdenick. Landw. Jb. 1891—1899
[25] WOJAHN, E.: Über die Standortverbesserung flachgründiger, sandunterlagerter Niedermoore durch Anlage von Pflugsanddeckkulturen. Z. Landeskultur 1960, **1/2**, 31—71

G. JANNERMANN[1]

Probleme der Bewirtschaftung von Sandbodenbetrieben unter sozialistischen Produktionsverhältnissen

In den letzten Jahren ist immer deutlicher zutage getreten, daß die wirtschaftliche Entwicklung der LPG auf Sandböden hinter der auf besseren Böden zurückgeblieben ist. Die Ursachen hierfür sind in einzelnen Betrieben oft sehr verschiedenartig, meistens aber handelt es sich nicht nur um eine Ursache, sondern um einen ganzen Komplex von Ursachen. Die wichtigsten, die in diesem Zusammenhang genannt werden können, sind eine zu geringe Futtergrundlage und damit mangelnde Aufstockung der Viehbestände, eine zu geringe Ertragsfähigkeit der Böden, das Fehlen einer systematischen Arbeit an der Hebung der Bodenfruchtbarkeit, fehlerhafte Betriebsorganisation, insbesondere hinsichtlich der Ausnutzung der spezifischen Ertragsfähigkeit der Sandböden, eine ungenügende Leitungstätigkeit und nicht zuletzt Mängel bei der Beauflagung der Sandbodenbetriebe. Diese und andere Mängel führten in den vergangenen Jahren dazu, daß sich die LPG auf Sandböden nur sehr langsam vorwärts entwickelten und heute ganz eindeutig hinter denen auf besseren Böden zurückstehen.
Da bis zu einem erarbeiteten „Wert" der AE von DM 7,— gleichmäßig in allen LPG die Abführungen zum unteilbaren Fonds 8% betragen und die verbrauchten AE nicht mehr als 350/Mitglied betragen dürfen, kann der erarbeitete „Wert" je AE, dargestellt in Abhängigkeit von den Ackerzahlen der Bodenschätzung, zur annähernd richtigen Kennzeichnung der augenblicklichen Situation der Wirtschaftlichkeit der LPG herangezogen werden.
Eine Auswertung der Jahresabschlüsse 1959 aller LPG in 108 Kreisen der DDR ergibt folgendes Bild (Tabelle 1).
Wenn auch diese Durchschnittszahlen der Kreise keinen Schluß für die Beurteilung des Einzelfalles zulassen, weil die Wirkung vieler Faktoren unerkannt bleiben muß, so ist doch die Tendenz unumstritten, daß mit abnehmender Bodengüte der „Wert" der AE beträchtlich sinkt.
Ein ähnliches Bild ergibt sich, wenn man statt der Durchschnittswerte der Kreise die absoluten Zahlen aller LPG im Bezirksmaßstab vergleicht. Es zeigt sich dann

[1] Dr. habil. Gerhard JANNERMANN
Dozent und Direktor des Institutes der Landwirtschaftlichen Betriebslehre der Universität Rostock

TABELLE 1

Durchschnittliche Bewirtschaftungsergebnisse der LPG in 108 Kreisen der DDR in Abhängigkeit von der Ackerzahl[1]

Durchschnittliche Ackerzahl	Zahl der Kreise	Landwirtschaftliche Einnahmen DM/ha LN	Landwirtschaftliche Kosten DM/ha LN	Einkünfte DM/ha LN	Wert der AE DM
bis 25	5	733	598	213	2,53
25—30	15	777	594	245	3,60
30—35	13	821	571	306	4,67
35—40	14	813	559	317	4,82
40—50	24	1023	674	449	6,50
50—60	16	1321	823	633	7,08
über 60	21	1460	830	747	7,80

besonders für die Sandbodenbetriebe sehr deutlich, daß die Schwierigkeiten mit abnehmender Ackerzahl und auch mit abnehmendem Grünlandanteil größer werden. Eine für den Bezirk Schwerin durchgeführte derartige Untersuchung der Sandboden-LPG (bis Ackerzahl 25) führte für das Jahr 1959 zu folgendem Ergebnis (Tabelle 2):

TABELLE 2

Durchschnittliche Bewirtschaftungsergebnisse der LPG auf Sandboden im Bezirk Schwerin in Abhängigkeit von Ackerzahl und Grünlandanteil

Ackerzahl	Zahl der LPG	Grünlandanteil unter 30%				Zahl der LPG	Grünlandanteil über 30%			
		Landwirtschaftliche Einnahmen DM/ha	Landwirtschaftliche Kosten DM/ha	Geldeinkünfte DM/ha	Wert der AE		Landwirtschaftliche Einnahmen DM/ha	Landwirtschaftliche Kosten DM/ha	Geldeinkünfte DM/ha	Wert der AE
bis 20	14	518	534	57	./.0,56	37	561	525	93	1,08
21—25	26	763	597	232	3,09	28	651	525	202	3,18

Diese Wiedergabe von nur wenigen, aber doch sehr entscheidenden Zahlen des Jahres 1959 mag genügen, um einführend die Notwendigkeit zu umreißen, den Problemen der Bewirtschaftung von Sandbodenbetrieben noch mehr Augenmerk zu schenken, als das in der Vergangenheit der Fall war. Bei der Lösung dieser Probleme geht es einmal darum, die noch große, vorhandene Ertragsreserve der Sandböden zu erschließen, um damit die Versorgung der Bevölkerung mit Nahrungsmitteln entscheidend zu verbessern. Es geht vor allem aber auch darum, in den Sandbodengemeinden eine Eigenwirtschaftlichkeit zu erwirken, die es den Menschen dieser Betriebe gestattet, in gleichem Tempo den Aufbau ihrer

[1] Nach Angaben der Staatlichen Zentralverwaltung für Statistik

Dörfer zu sozialistischen Produktions- und Wohnstätten durchzuführen, wie es anderenorts geschehen kann. Eine Vernachlässigung gerade dieser Seite kann Umstände herbeiführen, die viele heute noch brauchbare Sandböden an die Grenze der landwirtschaftlichen Ertragswürdigkeit heranführen würde. Es gibt leider schon genügend Beispiele dafür, daß ehemals gute Sandböden beträchtlich in ihrer Ertragsfähigkeit nachgelassen haben. Die Gründe dafür sind in der Bewirtschaftung, aber auch darin zu suchen, daß bei staatlichen Maßnahmen, oft sogar auf örtlicher Ebene, die Tragweite gewisser Entscheidungen für Sandbodenbetriebe nicht genügend bekannt ist.

Auf die landwirtschaftliche Bewirtschaftung auch geringer Sandäcker konnte jedoch in der Vergangenheit und kann auch heute aus volkswirtschaftlichen Gründen nicht verzichtet werden, wobei selbstverständlich die Intensität der Bewirtschaftung den Verhältnissen entsprechend sehr unterschiedlich sein wird und zum Teil auch noch in ihrem Grad umstritten ist. Keinesfalls aber darf die Bewirtschaftung der Sandböden zur Extensität führen. Ziel aller Bewirtschaftungsmaßnahmen muß die Hebung der Bodenfruchtbarkeit sein. Wir sollten versuchen, allmählich aus den Sandböden Mittelböden zu machen, genau wie das für einen gewissen Teil der heute bestehenden Mittelböden im Verlaufe jahrzehntelanger Bewirtschaftung bereits geschehen ist. Das kann aber nur durch eine jeweils intensivere Bewirtschaftung erreicht werden.

Es darf nicht verkannt werden, daß in der Vergangenheit bereits beträchtliche Teilerfolge bei der Hebung der Ertragsfähigkeit speziell von geringen Sandböden erzielt wurden. So ragen aus der Gruppe der praktischen Landwirte besonders Carl v. WULFFEN und SCHULTZ-LUPITZ hervor, deren Wirken und deren Erfolge bei der Bewirtschaftung von Sandböden besonders durch PETERSEN gewürdigt wurden [3]. Ebenso gibt es eine ganze Reihe wichtiger wissenschaftlicher Arbeiten, die neue Erkenntnisse für die Bewirtschaftung von Sandböden bringen oder Erfahrungen erfolgreicher Praktiker weiter entwickeln und verallgemeinern. Diese Erkenntnisse und Erfahrungen gilt es in Zukunft verstärkt zu beachten. Es gilt darüber hinaus aber vor allem, sämtliche Bemühungen um die Hebung der Ertragsfähigkeit und Wirtschaftlichkeit der Sandbodenbetriebe endlich einmal in feste und gerichtete Bahnen zu bringen und zu einem Schwerpunkt betriebswirtschaftlicher und agrarpolitischer Maßnahmen werden zu lassen. Die sozialistische Gesellschaftsordnung zeichnet sich im Gegensatz zur kapitalistischen besonders dadurch aus, daß sie ihre Volkswirtschaft planmäßig aufzubauen vermag. Diese Fähigkeit schafft, besonders auch im Rahmen der sozialistischen Umgestaltung der Landwirtschaft, die Voraussetzung dafür, daß viele Probleme, die bisher in der einzelbäuerlichen Wirtschaft als unlösbar galten, endgültig und mit Zufriedenheit gelöst werden können. Das Programm der Hebung der Ertragsfähigkeit und Wirtschaftlichkeit der Sandbodenbetriebe muß systematischer Bestandteil des umfassenden Programms der sozialistischen Umgestaltung der Landwirtschaft in der DDR werden.

Es kommt z. Z. nicht mehr nur auf Einzelmaßnahmen und Einzelhilfen an, sondern darauf, von der Gesamteinschätzung der Sandböden in ihrer wirtschaftlichen

Zuordnung und der sich daraus ergebenden Problematik auszugehen. Wenn planmäßig Maßnahmen zur Verbesserung der Gesamtverhältnisse in Sandbodengemeinden getroffen werden sollen, ist das eine unerläßliche Voraussetzung.
Um einen klaren Überblick über die Verhältnisse und die Problematik der Bewirtschaftung in den Sandboden-LPG geben zu können, sollen zunächst der Anteil der Sandäcker an der gesamten AF und der Anteil der Sandbodengemeinden an der gesamten LN der DDR dargestellt werden.
Von der Bodenschätzung wurden auf dem Gebiet der DDR 909300 ha AF als Sand (S) ausgewiesen. 890384 ha davon gehören hinsichtlich ihrer Entstehung zum D und Al (Tabelle 3).

TABELLE 3

Anteil der Bodenart Sand an der Ackerfläche der Bezirke in der DDR

Bezirk	ha Ackerfläche	Bodenart Sand		Anteil der Zustandsstufen an der Bodenart Sand					
		ha	in % der Ackerfläche	1—3		4 + 5		6 + 7	
				ha	%	ha	%	ha	%
Rostock	422061	55109	13,1	12159	22,1	36226	65,7	6724	12,2
Schwerin	423526	160585	**37,9**	27699	17,2	126157	78,6	6729	4,2
Neubrandenburg	559656	98639	**17,6**	12934	13,1	69244	70,2	16461	16,7
Potsdam	473288	206984	**43,7**	38991	18,8	153459	74,1	14534	7,1
Frankfurt	326526	97887	**30,0**	9139	9,3	76038	77,7	12710	13,0
Cottbus	277313	132593	**47,8**	6092	4,6	118477	89,4	8024	6,0
Magdeburg	580829	79806	13,7	13036	16,3	66531	83,4	239	0,3
Halle	537821	23765	4,4	2160	9,1	21288	89,6	317	1,3
Erfurt	453642	51	—	16	31,4	35	68,6	—	—
Gera	171081	293	0,2	25	8,5	263	89,8	5	1,7
Suhl	107622	175	0,2	31	17,7	142	81,1	2	1,2
Dresden	331980	19772	6,0	255	1,3	18950	95,8	547	2,9
Leipzig	337135	14713	4,4	1007	6,8	13103	89,1	603	4,1
Karl-Marx-Stadt	276442	12	—	1	8,3	10	83,4	1	8,3
DDR	5278922	890384	16,9	123545	13,9	699923	78,6	66896	7,5

Betrachtet man die Aufteilung dieser Sandäcker auf die Zustandsstufen, so stellt man fest, daß der überwiegende Teil (fast 770000 ha = 86,1%) den geringwertigen Zustandsstufen angehört, also den Zustandsstufen 4 bis 7.
Hinsichtlich der territorialen Verteilung zeigt sich, daß sehr hohe Anteile der Sandäcker auf geringwertigen Zustandsstufen in den Bezirken Potsdam, Cottbus, Schwerin, Neubrandenburg, Frankfurt und Magdeburg liegen, während die Bezirke Halle, Erfurt, Gera, Suhl, Leipzig und Karl-Marx-Stadt nur geringe Flächen ausweisen.
Leider kann über einen sehr entscheidenden Faktor bei der Beurteilung der Qualität eines Sandbodens, den Grundwasserstand, im Rahmen dieser Analyse keine klare Einschätzung gegeben werden, da das Material der Bodenschätzung auch

annähernde Schlüsse nicht gestattet. Auf die Erfassung der Wasserverhältnisse, besonders auf allen leichten Böden, sollte deshalb bei der Weiterführung der Arbeiten der Bodenschätzung der größte Wert gelegt werden.

Ein weiterer Mangel der der Analyse zugrunde liegenden Bodenschätzung muß wohl darin gesehen werden, daß die Sande, obwohl sie fast $^1/_5$ der gesamten AF ausmachen, nicht nach ihrer Struktur weiter unterteilt wurden, obwohl gerade bei Regensandböden diese Unterteilung im Hinblick auf Anbau landwirtschaftlicher Kulturpflanzen und Ertragsfähigkeit sehr ausschlaggebend für die Agrarplanung ist.

Von gleich großer Bedeutung ist für einen Sandbodenbetrieb das natürliche Grünland, da reine Sandbodenbetriebe ohne einen ausreichenden Anteil natürlichen Grünlandes nicht lebensfähig sind. Die Ergebnisse der Untersuchungen über die standortgerechte Agrarplanung gestatten nicht nur eine Aussage über den Grünlandanteil in den Sandbodengemeinden, sondern außerdem auch darüber, wie viele der von der Bodenschätzung erfaßten Sandäcker in Sandbodengemeinden liegen. Dabei werden unter Sandbodengemeinden solche Gemeinden verstanden, die im Rahmen der Untersuchungen über die standortgerechte Agrarplanung in die Produktionsgebiete I und II eingestuft wurden und deren Ackerfläche zu mindestens 75% aus der Bodenart Sand (S) besteht. Daneben können bis zu 25% anlehmige und bessere Böden, allerdings meistens mit sehr schlechten Zustandsstufen, vorkommen. Die durchschnittliche Ackerzahl dieser Gemeinden

TABELLE 4

Anteil der LN der Sandbodengemeinden an der Gesamt-LN der Bezirke

Bezirk	Gesamt-LN	Produktions-Gebiet I		Produktions-Gebiet II		Produktions-Gebiet I + II	
		ha LN	% der Gesamt-LN	ha LN	% der Gesamt-LN	ha LN	% der Gesamt-LN
Rostock	500110	9391	1,9	19050	3,8	28441	5,7
Schwerin	550148	26553	4,8	120100	21,8	146653	**26,6**
Neubrandenburg	675252	25072	3,7	95936	9,8	91008	**13,5**
Potsdam	651776	38811	6,0	176740	27,1	215551	**33,1**
Frankfurt	370642	11916	3,2	68058	18,4	79974	**21,6**
Cottbus	361007	21042	5,8	125825	34,9	146867	**40,7**
Magdeburg	757840	—	—	55362	7,3	55362	7,3
Halle	597048	—	—	14600	2,4	14600	2,4
Dresden	411179	—	—	14661	3,6	14661	3,6
Leipzig	304273	—	—	6391	1,8	6391	1,8
Karl-Marx-Stadt	352286	—	—	—	—	—	—
Erfurt	479232	—	—	—	—	—	—
Gera	211773	—	—	—	—	—	—
Suhl	149527	—	—	—	—	—	—
DDR (ohne Berlin)	6432093	132785	2,1	666723	10,4	799508	12,5

geht im Produktionsgebiet I bis etwa 18 und liegt im Produktionsgebiet II etwa zwischen 19 und 24. In diesen Gemeinden treten die Probleme der Bewirtschaftung kompakt zutage (Tabelle 4).

In Abb. 1 ist klar ersichtlich, daß auch die Masse der Flächen der Produktionsgebiete I und II und damit der Sandbodengemeinden in den vorhin herausgestellten Bezirken liegt. So sind es im Bezirk

Cottbus	40,7%	der Gesamt LN
Potsdam	33,1%	
Schwerin	26,6%	
Frankfurt	21,6%	
Neubrandenburg	13,5%	

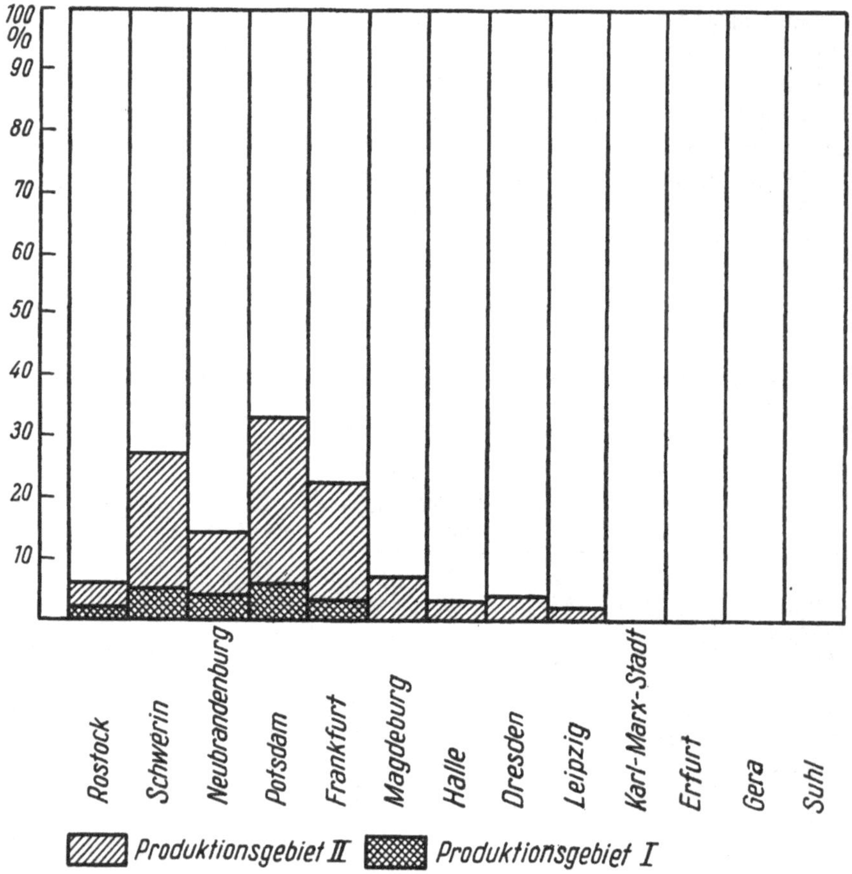

Abb. 1: LN der Sandbodengemeinden (Produktionsgebiete I und II) in % der Gesamt-LN der Bezirke

Der Grünlandanteil ist in der Mehrzahl der Sandbodengemeinden recht günstig, wenn auch die Ertragsfähigkeit dieser Grünländereien in sehr vielen Fällen noch sehr zu wünschen übrig läßt (Tabelle 5).

TABELLE 5

Grünlandanteil in den Sandbodengemeinden

Produktions-Gebiet	Grünlandanteil a bis 15% ha	b 15—30% ha	c 30—50% ha	d über 50% ha	Insgesamt ha
I	—	53545	57853	21387	132785
II	106491	295370	222490	42372	667723
I + II insgesamt	106491	348915	280343	63759	799508
I + II in % der Gesamtfläche	13,3	43,6	35,1	8,—	100

Die für die Zukunft relativ ungünstigsten betriebswirtschaftlichen Verhältnisse liegen in den Sandbodengemeinden mit bis zu 30% Grünland, deren durchschnittlicher Grünlandanteil also etwa 20% beträgt und die insgesamt mehr als die Hälfte der Fläche der Sandbodengemeinden ausmachen. Besonders schwierig liegen die Verhältnisse im Produktionsgebiet II a, also in Gemeinden mit weniger als 15% LN Grünland. Dieses Gebiet umfaßt insgesamt 174 Gemeinden mit einer Gesamtfläche von 106500 ha. Hier wird den Möglichkeiten des Ackerfutterbaues künftig besondere Aufmerksamkeit geschenkt werden müssen. Diese Sandbodengemeinden liegen mit einer Ausnahme ausschließlich in den schon als Schwerpunkt herausgestellten Bezirken Schwerin, Neubrandenburg, Potsdam, Frankfurt und Cottbus (Tabelle 6).

TABELLE 6

Verteilung der Sandbodengemeinden mit weniger als 15% Grünlandanteil auf die Bezirke der DDR

Bezirk	Zahl der Gemeinden	ha LN
Schwerin	5	6000
Neubrandenburg	15	11000
Potsdam	39	19600
Frankfurt	69	40100
Cottbus	36	21700
Magdeburg	10 ?	6000
Insgesamt	174	106500

Verfolgt man auf der beigefügten Karte[1] (Abb. 2) das Vorkommen der als Sandbodengemeinden gekennzeichneten Produktionsgebiete I und II, so sind zunächst einmal bestimmte zusammenhängende Sandbodengebiete klar erkennbar, z. B. im Bezirk Rostock das Darß- und Boddengebiet, in den Bezirken Rostock und Neubrandenburg in den Kreisen Wolgast, Ückermünde, Pasewalk und in den Bezirken Neubrandenburg und Potsdam besonders das südmecklenburgische

[1] nach RÜBENSAM (schematisiert)

und nordbrandenburgische Sandbodengebiet, im Bezirk Schwerin das südwestmecklenburgische Sandbodengebiet mit den Kreisen Hagenow, Ludwigslust, Parchim, Schwerin, in den Bezirken Potsdam und Frankfurt das mittelbrandenburgische Gebiet und im Bezirk Cottbus außerdem das Grundwasserentzugsgebiet. Kleinere geschlossene Gebiete gibt es auch im Bezirk Magdeburg (Altmark) und im Bezirk Dresden.

Diese geschlossenen Sandbodengebiete umfassen ca. 400000 ha LN und enthalten neben dem Grünland und einem geringen Teil besserer Böden ca. 230000 ha, also 25%, der als Sand bonitierten Ackerfläche.

Sie zeichnen sich je nach Lage durch vier Merkmale aus, die entscheidend für ihre Bewirtschaftung sind: die Niederschlagshöhe, die Sandart, die Tatsache, ob sie Grundwassersande oder Regensande sind, und den Grünlandanteil.

Feinkörnige, weiche Sande herrschen bei relativ günstigen Niederschlagsverhältnissen und teilweise hohem Grünlandanteil in den Darß- und Boddengemeinden sowie in den Kreisen Ludwigslust und Hagenow vor; soweit sie hier im Urstromtal der Elbe liegen, sind vorwiegend auch gute Grundwasserverhältnisse gegeben. Als Grundwassersande werden sie oft als Grünland genutzt, neigen jedoch stark zur Verdichtung und damit zur Verbinsung. In diesen Fällen kann mit Erfolg das von WACKER für diese Verhältnisse weiter entwickelte System der Wechselnutzung zur Ertragssteigerung angewendet werden [7].

Die gleichen Sande treten, bei allerdings geringeren Niederschlagsmengen, jedoch mit vorwiegend hohem Grünlandanteil, als geschlossene Gebiete in den Kreisen Ückermünde und Pasewalk auf. Sie sind von sehr geringer Ertragsfähigkeit, weil sie nur einen geringen Anteil an verwitterungsfähigem Material besitzen.

Grobkörnige bis kiesige Sande treten bei relativ günstigen Niederschlagsverhältnissen, z. T. aber ungenügendem Grünlandanteil in den Kreisen Schwerin, Sternberg und Ludwigslust auf. Es handelt sich hier um geringe Schafschwingelböden mit mäßiger Ertragsfähigkeit für Kartoffeln.

In den Bezirken Cottbus und Frankfurt treten sie bei geringer Niederschlagshöhe und oft geringem Grünlandanteil auf, sind jedoch in den Niederungen vielfach Grundwassersande. Es handelt sich hauptsächlich um Serradella- und Kartoffelböden, in nur geringem Maße um Knaulgrasböden.

Bei geringem Grünlandanteil und geringen Niederschlägen gehören diese Böden im Grundwasserentzugsgebiet von Hoyerswerda und in den Kreisen Beeskow, Luckenwalde, Lübben und Königswusterhausen zu den am schwierigsten zu bewirtschaftenden Sandböden.

Grobkiesige Sande finden sich bei noch ausreichenden Niederschlägen als geschlossene Gebiete in den Kreisen Waren, Röbel, Wittstock, Parchim und Neubrandenburg. Es sind gute bis sehr gute Schafschwingel- und Kartoffelböden. Da der Untergrund vereinzelt anlehmig ist, sind sie in diesen Fällen sogar luzernefähig. Die Problematik in der Bewirtschaftung dieser Betriebe liegt aber oft in einem zu geringen Grünlandanteil begründet.

Betriebe unter diesen Verhältnissen verdanken ihre z. T. gute Ertragsfähigkeit der bodenverbessernden Wirkung der Schafschwingelwurzelrückstände, so daß

VERTEILUNG DER SANDBODENGEMEINDEN IN DER DDR

Abb. 2. Verteilung der Sandbodengemeinden in der DDR

unbedingt ein hoher Schafschwingelanbau, möglichst bei Herbstaussaat, gewährleistet werden muß. Auf diese Notwendigkeit hat besonders HENNING durch seine Untersuchungen hingewiesen [1].

Grobkiesige Sande treten bei ebenfalls geringem Grünlandanteil, jedoch unter ungünstigen Niederschlagsverhältnissen, als geschlossenes Gebiet z. B. im Kreis Neuruppin auf.

Steinig-kiesige Sande treten als große Gebiete weniger häufig auf und sind als Regensande im Norden der DDR sehr gute Schafschwingel- und Kartoffelböden. In vielen Fällen sind sie schon kleegrasfähig. Neben diesen geschlossenen Sandbodengebieten treten weitere 25% der als Sand bonitierten Ackerflächen in Sandbodengemeinden auf, die entweder am Rande geschlossener Sandgebiete liegen oder zwischen Gemeinden mit besseren Böden.

Diese Sandbodengemeinden sind im Zuge der sozialistischen Umgestaltung der Landwirtschaft bei der Bildung von spezialisierten sozialistischen Großbetrieben bei Betriebsgrößen um 2000 ha mit Gemeinden kombinationsfähig, die sehr viel günstigere natürliche Produktionsbedingungen aufweisen. Selbstverständlich treten auch in diesen Sandbodengemeinden die für die Sande in geschlossenen Gebieten gekennzeichneten Merkmale auf und sind zur Ausnutzung der spezifischen Ertragsfähigkeit zu beachten. Sie wirken jedoch in ihrer Problematik aufgrund einer möglichen Kombination und Spezialisierung nicht mehr so stark auf Bewirtschaftungsmaßnahmen wie in den geschlossenen Sandgebieten.

Die restlichen 50% der als Sand bonitierten Ackerflächen treten nicht mehr in Sandbodengemeinden (Produktionsgebiete I und II) auf, sondern gehören als sogenannte verschießende Böden oder als kleinere zusammenhängende Flächen zu Gemeinden mit vorwiegend besseren Böden.

Das Ergebnis dieser Inventur kann in der nebenstehenden Tabelle zahlenmäßig zusammengefaßt werden (Tabelle 7).

Hinsichtlich der Problematik der Bewirtschaftung von Sandböden können also vier Gruppen gebildet werden.

Die erste Gruppe betrifft Sandböden, die als geringer Teil in Gemeinden mit vorwiegend besseren Böden mitbewirtschaftet werden. Es handelt sich um über 451300 ha als Sand bonitierte AF. In diesen Gemeinden kann die Problematik vorwiegend durch betriebswirtschaftliche und produktionstechnische Maßnahmen gelöst werden. Die zur Verbesserung der Bodenfruchtbarkeit notwendige Anreicherung mit organischer Substanz kann durch Stallmist und entsprechende Fruchtfolgen erreicht werden. Es werden Sonderbehandlung der Sandbodenflächen und Zusammenfassung zu bestimmten eigenen Rotationen notwendig. Besonders in großen LPG dürften für diese Gruppe hinsichtlich der Beeinflussung der Wirtschaftlichkeit keine Schwierigkeiten vorhanden sein. Für 50% der Sandböden scheidet so eine ernste Problematik aus, die in kleinbäuerlichen Betrieben nur selten hätte gelöst werden können.

Die Flurkarte der LPG Ravensruh/Neukloster (Abb. 3, S. 99) gibt einen Einblick in diese Möglichkeit der Bildung von ökonomischer Nutzflächeneinheit nach der Bodenart.

TABELLE 7

Aufteilung der Sandböden der DDR und einiger Bezirke auf Sandbodengemeinden und Gemeinden mit besseren Böden

		Gruppe I		Gruppe II		Gruppe III	Gruppe IV	
	Sandböden als geringerer Teil in Gemeinden mit vorwiegend besseren Böden ha AF	Sandböden in Sandbodengemeinden incl. 19000 ha bessere Böden ha AF	Sandbodengemeinden ha LN	Mit besseren Böden kombinationsfähige Sandbodengemeinden ha LN	Nicht kombinationsfähige Sandbodengemeinden in geschlossenen Gebieten ha LN	davon mit einem Grünlandanteil über 30% ha LN	davon mit einem Grünlandanteil unter 30% ha LN	davon Verbesserung des Grünlandanteils möglich durch Kombination von Gruppe III und IV ha LN
DDR insgesamt	451300	458000	(458000) 800000	(230000) 400000	(228000) 400000	(100000) 246000	(128000) 154000	
Bez. Schwerin	79500		146600	64800	82800	58600	24200	10500
Bez. Neubrandenburg	97400		91000	38000	53000	31600	21400	4100
Bez. Potsdam	103800		215500	130700	84800	52700	32100	13500
Bez. Cottbus	47300		138100	84200	53900	24700	29200	1600

Die zweite Gruppe betrifft Sandböden in Sandbodengemeinden (Produktionsgebiet I und II), die Gemeinden mit vorwiegend besseren Böden benachbart liegen und dadurch im Rahmen der Bildung von sozialistischen Großbetrieben mit diesen kombinationsfähig sind. Es handelt sich um ca. 230000 ha als Sand bonitierte AF, die in ca. 400000 ha LN erfaßt sind. Die Kombination soll den Zweck haben, die Ertragsfähigkeit der Sandböden zu heben und die Wirtschaftlichkeit der Sandbodengemeinden zu erreichen, ohne daß dabei von seiten des Staates wesentliche materielle Aufwendungen notwendig werden. Wohl kann in manchen Fällen der Durchschnittswert der AE in der kombinierten LPG niedriger liegen als in der bisherigen LPG mit besseren Böden, jedoch wird der Betrieb im Ganzen gesehen, ordnungsgemäße Bewirtschaftung vorausgesetzt, wirtschaftlich sein und auch sehr bald nach dem Zusammenschluß die Wirtschaftlichkeit der vorher besten LPG übersteigen können.

Das soll an Hand eines Beispieles der LPG „Aktivist“ Schönewalde, Krs. Herzberg, gezeigt werden, die sich aus der LPG „Aktivist“ Grauwinkel und der LPG „Karl Marx“ Schönewalde durch Zusammenschluß bildete.

Die LPG Grauwinkel bewirtschaftete vor der Vereinigung eine LN von 475 ha, davon liegen 275 ha als geschlossener Betriebsteil auf besseren, lehmigen Böden mit einer durchschnittlichen Ackerzahl von 35 und 200 ha auf anlehmigem Sand mit einer durchschnittlichen Ackerzahl von 26. Der Grünlandanteil betrug 25% der LN. Diese LPG hatte durch den günstigen Anteil an futterwüchsigen Böden in geschlossener Lage bisher gute Jahresabschlußergebnisse.

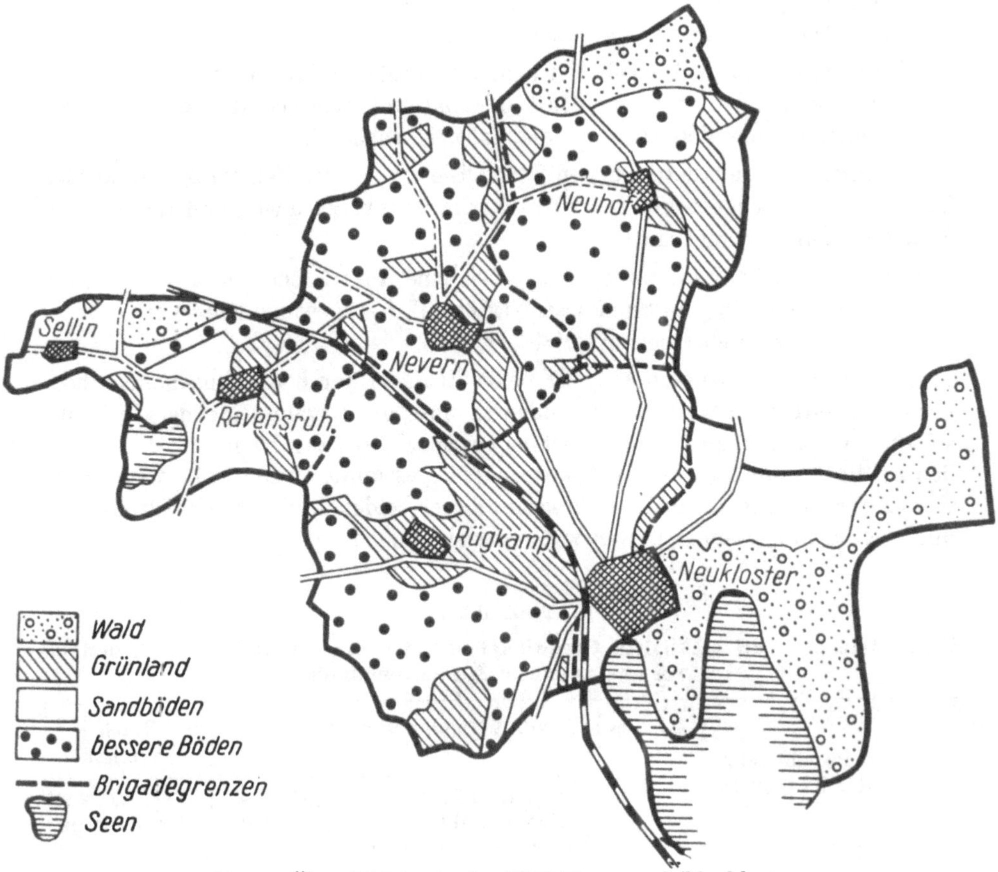

Abb. 3: Übersichtskarte der LPG Ravensruh/Neukloster

Die benachbart liegende LPG Schönewalde war ein ausgesprochener Sandbodenbetrieb mit 85% der Ackerfläche reinen Sandböden, wovon 65% grundwasserferne, regenarme Sande sind. Der Grünlandanteil war günstiger und schwankte im Laufe der Jahre von 30 bis 39% der LN. Dazu kommt noch eine ausgesprochene Streulage der Ackerfläche. Diese LPG hatte trotz relativ guter Betriebsorganisation jährlich schlechte Abschlußergebnisse.

Beide Betriebe vereinigten sich mit Unterstützung von Partei und örtlichen Staatsorganen nach gründlicher Vorbereitung zu einer LPG mit dem Ziel, die Wirtschaftlichkeit des Sandbodenbetriebes im Rahmen des Gesamtbetriebes zu sichern und für beide Betriebe bessere Möglichkeiten der innerbetrieblichen Spezialisierung zu schaffen.

So konnte im Betriebsteil Schönewalde mit dem höchsten Anteil an gutem, beweidbarem Grünland eine umfangreiche Milchviehhaltung auf der Basis der Weidebewirtschaftung eingerichtet sowie eine Junggeflügelzuchtstation mit Brüterei auf gesunden, trockenen Auslaufflächen angelegt werden.

In der LPG Grauwinkel wurde auf dem Betriebsteil Wildenau auf Grund guter Feldfutterbaumöglichkeiten die Mastbullenhaltung eingerichtet. In Grauwinkel selbst entsteht ein Zentrum für die Schweinezucht.

Im Rahmen der innerbetrieblichen Spezialisierung in der Feldwirtschaft werden im Betriebsteil Schönewalde 8% der Ackerfläche mit Serradella und Lupinen zur Samenvermehrung angebaut.

Die vereinigte LPG bewirtschaftet zur Zeit eine Ackerfläche von 614 ha, wovon 290 ha, das sind 47%, im Sandbodenbetriebsteil Schönewalde liegen. Der Grünlandanteil des Betriebes beträgt jetzt 33% LN.

Insgesamt gesehen wurden also für beide Betriebe durch den Zusammenschluß positive Faktoren gekoppelt, besonders konnte die Organisation der Viehwirtschaft im Rahmen der innerbetrieblichen Spezialisierung besser als bisher auf den Feldfutterbau und die Weidewirtschaft abgestimmt werden. Die wichtigsten Kennziffern mögen für die Kombination dieser beiden LPG die Verhältnisse vor und nach dem Zusammenschluß widerspiegeln (Tabelle 8).

TABELLE 8

Kennziffern der LPG „Aktivist“ Grauwinkel und der LPG „Karl Marx“ Schönewalde vor und nach dem Zusammenschluß

Bezeichnung der Kennziffern	Vor Vereinigung Mittel von 3 Jahren		Nach Vereinigung
	LPG „Karl Marx“ Schönewalde	LPG „Aktivist“ Grauwinkel	LPG „Aktivist“ Schönewalde
LN ha	182	297	910,7
AF ha	110	222	614,2
Grünlandanteil % der LN	39	25	32
Durchschnittliche Ackerzahl	23	32	28
Landwirtschaftliche Einnahmen DM je ha LN	786	1365	1230
Landwirtschaftliche Kosten DM je ha LN	632	702	645
davon Einnahmen pflanzlich DM je ha LN	115	136	128
davon Einnahmen tierisch DM je ha LN	671	1229	1102
Geldeinkünfte DM je ha LN	94	494	520
AE-Verbrauch pro ha LN	64	54	58
Wert AE in DM/AE	1,42	8,11	8,22
Zuführung zum unteilbaren Fonds DM je ha LN	177	637	555

Die dritte Gruppe betrifft Sandbodengemeinden in geschlossenen Sandbodengebieten ohne Kombinationsmöglichkeiten mit besseren Böden aber mit höherem Grünlandanteil (über 30%) oder mit der Möglichkeit, durch Kombination einen ausreichenden Grünlandanteil zu schaffen.

Es handelt sich um ca. 100000 ha als Sand bonitierte AF, die in rund 246000 ha LN erfaßt sind. Da es sich um Betriebe mit ausreichenden Grünlandflächen handelt, kann so die Grundlage für eine starke Rindviehhaltung gegeben werden.

Gemeinden dieser Gruppe liegen besonders oft in Gebieten mit hohem Grundwasserstand, wodurch auch auf dem Ackerland gute Erträge erzielt werden können. Die tiefer liegenden Grünlandflächen weisen dagegen oft einen zu hohen Grundwasserstand auf und leiden vielfach unter Hochwasser. Eine Regulierung der Wasserverhältnisse ist auf dem größten Teil der Flächen dringend notwendig. Das Ackerflächenverhältnis ist durch einen hohen Getreideanteil (55 bis 60%) und einen hohen Kartoffelanteil gekennzeichnet. (Die Getreideerträge können 20 bis 24 dt/ha erreichen, die Kartoffelerträge 220 bis 240 dt/ha.) Obwohl der Anbau von Ackerfutter auf Flächen mit günstigem Grundwasserstand durchaus möglich wäre, wird seine Bedeutung abgeschwächt, da ausreichende Wiesen und Weideflächen zur Verfügung stehen. Jedoch wird der Anteil des Silomaisanbaues an der Ackerfläche in diesen Gebieten besonders hoch sein müssen, um das notwendige Saftfutter für den hohen Viehbestand zu erzeugen.

Das Schwergewicht der Viehhaltung liegt auf der Rindviehhaltung, da das Grünland möglichst produktiv genutzt werden muß. Auch die Schweinehaltung hat große Bedeutung, tritt jedoch mit zunehmendem Grünlandanteil zurück. Da genügend Magermilch zur Verfügung steht, ist die Ferkel- und Läuferaufzucht ein besonders günstiger Betriebszweig. Die Schafhaltung hat wegen des hohen Grundwasserstandes selten große Bedeutung.

In dieser Gruppe der Sandbodenbetriebe findet man hinsichtlich der Ertragsfähigkeit und der Wirtschaftlichkeit recht unterschiedliche Verhältnisse. Dazu ein Beispiel (Tabelle 9):

Die gegenübergestellten LPG Klinken und Matzlow arbeiten unter etwa gleichen Standortbedingungen, jedoch sind in Matzlow durch etwas höheren Grünlandanteil und auch höheren Anteil an Grundwassersandböden die Bedingungen für die Rindviehhaltung etwas besser. Dagegen ist das Grünland der LPG Klinken ertragsfähiger. Obwohl der Viehbestand in der LPG Klinken höher war als in der LPG Matzlow, lag die Produktion von Milch und Schweinefleisch in der LPG Matzlow bedeutend höher. Hauptsächlich ist dies begründet durch die geringen Erträge der Futterpflanzen, aber auch durch Mängel in der Wirtschaftsführung. So verdarb 1959 ein großer Teil der Heuernte. Infolgedessen mußten in der LPG Klinken die fehlenden Futtermittel durch zugekauftes Kraftfutter, Heu und Saftfutter ersetzt werden. Die Kosten für Futtermittel erhöhten sich gegenüber denen der LPG Matzlow dadurch allein um ca. DM 150,—/ha LN.

TABELLE 9

Vergleich einiger Kennziffern des Jahres 1959 von zwei LPG der Gruppe III

Kennzahl	LPG Klinken	LPG Matzlow
LN ha	212	243
Grünlandanteil %	35	38
Durchschnittliche Ackerzahl	20	20
Durchschnittliche Grünlandzahl	40	28
Getreide in % der AF	53	53
Kartoffeln in % der AF	12	20
Getreideertrag dt/ha	6,5	15,3
Kartoffelertrag dt/ha	52	87
Viehbesatz GV/100 ha	82	59
davon Rinder insgesamt	70	46
davon Kühe	37	33
davon Schweine	9	8,8
Tierische Produktion		
Milch kg/ha LN	462	795
Fleisch insgesamt dt/ha LN	0,97	0,85
davon Schweinefleisch	0,31	0,49
Einnahmen in DM/ha LN	807	740
davon Pflichtablieferung pflanzlich	21	92
Freier Verkauf pflanzlich	22	12
Pflichtablieferung tierisch	105	145
Freier Verkauf tierisch	670	400
Kosten DM/ha LN	730	399
Geldeinkünfte DM/ha LN	78	341
AE je ha LN	42	36
AE je Mitglied	385	380
Wert der AE	0,73	7,78

Infolge schlechter Arbeitsorganisation sind weiterhin die Lohnkosten in der LPG Klinken bedeutend höher als in der LPG Matzlow, und es wurden trotz geringerer Leistungen in der LPG Klinken mehr AE/ha LN verbraucht.

Da die zwischen beiden Betrieben vorhandenen Unterschiede in der natürlichen Ertragsfähigkeit wesentlich durch eine entsprechende Veranlagung der Pflichtablieferung ausgeglichen sind, liegen die Gründe für die unterschiedliche Wirtschaftlichkeit dieser beiden LPG vorrangig in der Wirtschaftsführung.

In dieser Gruppe von Betrieben kommt es aber häufig vor, daß in einer ganzen Reihe von Betrieben trotz schlechterer Produktionsbedingungen die Pflichtablieferung, besonders tierischer Produkte, bis zu $^1/_3$ höher sein kann als in Betrieben mit etwas günstigeren Produktionsbedingungen. Die geringeren erzeugten Mengen werden dann noch zusätzlich zu geringeren Durchschnittspreisen abgegeben.

Die Gegenüberstellung der genannten LPG läßt jedoch erkennen, daß es in dieser Gruppe der Sandbodenbetriebe bei richtiger Veranlagung, ordnungsgemäßer

Bewirtschaftung und vor allem bei richtiger Ausnutzung des vorhandenen Grünlandes hinsichtlich der Wirtschaftlichkeit durchaus keine Schwierigkeit zu geben braucht.

Die vierte Gruppe betrifft Sandbodengemeinden in geschlossenen Gebieten, die weder kombinationsfähig sind, noch einen ausreichenden Grünlandanteil haben. Es handelt sich um ca. 128000 ha als Sand bonitierte AF, die in rd. 154000 ha LN erfaßt sind. Betriebe dieser Gruppe weisen neben einem geringen Grünlandanteil oft auch den Mangel auf, daß sie meist in Gebieten mit niedrigem Grundwasserstand liegen, also vorwiegend auf schlecht futterwüchsigen Regensandböden. Die schlechte Futtergrundlage dieser Betriebe läßt nur einen relativ geringen Viehbesatz zu, wodurch diese Betriebe nur geringe Einnahmen aus der tierischen Produktion erzielen und außerdem besondere Maßnahmen notwendig sind, um die Bodenfruchtbarkeit zu erhalten. Von besonderer Bedeutung, gerade für diese Betriebe, ist die Korngrößenzusammensetzung der Sandböden. Auf grobkörnigen kiesigen Sanden werden bessere Erträge erzielt als auf feinkörnigen weichen Sandböden. Mit Ausnahme der Lagen, die zu geringe Luftfeuchtigkeit aufweisen, ist außerdem auf grobkörnigen Böden der Anbau von Schafschwingel möglich, der wesentlich zur Erhaltung und Steigerung der Bodenfruchtbarkeit beiträgt. Auch der Anbau von Gründüngungspflanzen als Hauptfrucht ist in diesen Betrieben unbedingt notwendig. Der Anbau von Getreide — es können nur Roggen und Sommergetreidegemenge angebaut werden — und Kartoffeln ist in diesen Betrieben etwas geringer als in Betrieben mit höherem Grünlandanteil, da Früchte zur Verbesserung der Bodenfruchtbarkeit und somit möglichst auch Feldfutterpflanzen angebaut werden müssen. Auch ist in diesen Betrieben kein sehr hoher Getreideanteil zur Deckung des Strohbedarfes notwendig. Die Getreideerträge auf diesen trockenen Regensandböden liegen je nach Struktur der Böden zwischen 14 und 18 dt/ha. Auf sehr geringen Sandböden ist der Kartoffelbau ganz unmöglich. Auf den besseren gröberen Regensandböden können Erträge von 140 bis 190 dt/ha erzielt werden.

Die Rindviehhaltung nimmt in der Regel einen geringeren Umfang ein als in der Gruppe III. Dagegen hat die Schweinehaltung, besonders die Schweinemast, hier ihren Standort. Auch die Schafhaltung hat hier Bedeutung, da oft Hutungen vorhanden sind und die Schafe zur dringend notwendigen zusätzlichen Humusversorgung benötigt werden.

Betriebe dieser Gruppe können die Wirtschaftlichkeit zur Zeit nur erreichen, wenn sie ausgesprochen gutes Grünland besitzen oder einen oder mehrere Spezialbetriebszweige einrichten. Wirtschaftliche LPG dieser Gruppe sind sehr selten. Im folgenden sollen zwei Betriebe mit unterschiedlicher Wirtschaftlichkeit innerhalb dieser Gruppe gegenübergestellt werden (Tabelle 10.

Die natürlichen Standortbedingungen der LPG Möderitz und Kl. Damerow sind etwa gleich. Beide Betriebe haben einen kaum nennenswerten Anteil von besserem, gerade zuckerrübenfähigem Boden. Das Grünland der LPG Kl. Damerow ist in gutem Zustand. Bei erheblich höheren Kosten weist die LPG Möderitz in allen Positionen geringere Leistungen aus als die LPG Kl. Damerow. Die höheren

TABELLE 10

Vergleich einiger Kennziffern des Jahres 1959 von zwei LPG der Gruppe IV

Kennzahl	LPG Möderitz	LPG Kl. Damerow
LN ha	261	335
Grünlandanteil %	19	16
Durchschnittliche Ackerzahl	22	22
Durchschnittliche Grünlandzahl	30	34
Getreide in % der AF	43	54
Kartoffeln in % der AF	15	15
Getreideertrag dt/ha	11,5	13,8
Kartoffelertrag dt/ha	81	95
Viehbesatz GV/100 ha	53	50
davon Rinder insgesamt	41	33
davon Kühe	16	22
davon Schweine	9	12
Tierische Produktion		
Milch kg/ha LN	425	526
Fleisch insgesamt dt/ha LN	1,14	1,74
davon Schweinefleisch	0,71	1,25
Einnahmen in DM/ha LN	833	1093
davon Pflichtablieferung pflanzlich	90	115
Freier Aufkauf pflanzlich	58	20
Pflichtablieferung tierisch	116	140
Freier Aufkauf tierisch	460	790
Kosten DM/ha LN	698	502
Geldeinkünfte DM/ha LN	135	590
AE je ha LN	36	46
AE je Mitglied	296	307
Wert der AE	1,66	9,20

Kosten und die geringeren Leistungen sind vorrangig auf schlechte Wirtschaftsführung zurückzuführen.

Das Ablieferungssoll in der LPG Möderitz ist zwar geringer als in Kl. Damerow, jedoch hätte bei der geringeren Höhe der tierischen Produktion auch eine weitere erhebliche Senkung der Pflichtablieferung nicht ausgereicht, um die geringeren Geldeinkünfte gegenüber der LPG Kl. Damerow auszugleichen.

In dieser Gruppe der Sandbodenbetriebe ist es nur bei guter Wirtschaftsführung und sehr gutem Grünland, das in ausreichendem Umfang von etwa 15% vorhanden sein muß, möglich, wirtschaftlich zu arbeiten.

Sinkt der Grünlandanteil, sinkt die Ertragsfähigkeit des Grünlandes und besteht das Ackerland ausschließlich aus geringen Regensandböden, ist die Wirtschaftlichkeit in Frage gestellt.

Während also die Probleme in der ersten Gruppe der Betriebe für ca. 50% S und auch in der zweiten Gruppe der Sandbodenbetriebe für ca. 25% S hauptsächlich durch betriebsorganisatorische und produktionstechnische Maßnahmen, also größtenteils aus eigener Kraft, bei ordnungsgemäßer Bewirtschaftung und überlegter Perspektivplanung gelöst werden könnten, bestehen in der gebildeten dritten und vierten Gruppe der Sandbodenbetriebe für die restlichen 25% Sandböden erhebliche Schwierigkeiten. Sie haben ihre hauptsächliche Ursache in der schon erwähnten geringen Futtergrundlage im Verein mit geringer Ertragsfähigkeit auf Ackerland und Grünland. Aus eigener Kraft werden diese Betriebe nur selten das Tempo ihrer Entwicklung schnell steigern können, so daß bestimmte staatliche Maßnahmen erforderlich werden, deren Notwendigkeit heute zum Teil immer noch verkannt wird.

Diese eben gegebene Einteilung der Sandbodenbetriebe nach ihrer Lage und ihrer Problematik sollte daher sowohl bei betriebswirtschaftlichen als auch volkswirtschaftlichen Maßnahmen zur schnellen Hebung der Wirtschaftlichkeit von Sandbodenbetrieben beachtet werden. Vor allem sollte man sich besonders innerhalb der Kreise durch eine ähnliche Inventur Klarheit über die Möglichkeit und die Gradabstufung von Maßnahmen im Speziellen schaffen.

Es ist durchaus möglich, die Maßnahmen, die zur Festigung der LPG auf Sandböden einzuleiten sind, an die hier gebildeten Gruppen zu binden.

So werden entsprechend der Gradabstufung der gebildeten Gruppen vorwiegend

produktionstechnische und betriebswirtschaftliche Maßnahmen,

betriebswirtschaftliche Maßnahmen mit staatlicher Hilfe

und staatliche Maßnahmen

zur Anwendung kommen müssen. Jedoch wird nie eine Maßnahme allein den gewünschten Erfolg bringen, sondern in der Mehrzahl der Fälle erst ein ganzer Maßnahmenkomplex.

Deswegen erscheint es zweckmäßig, die hervorragendsten und zweifelsohne auch wichtigsten kurz zu skizzieren.

Mit am vordringlichsten erscheinen rechtzeitige Überlegungen innerhalb der Kreise zu einer sinnvollen Kombination der Bodenarten beim Zusammenschluß von LPG. Die Organe der örtlichen Staatsmacht sollten darauf achten, daß im Rahmen der Perspektivplanung die Zusammenschlüsse nach richtigen Gesichtspunkten vorbereitet werden.

Die derzeitige Betriebsgröße ist in unseren Sandboden-LPG noch relativ gering. Die Mehrzahl der LPG dürfte derzeitig eine Betriebsgröße zwischen 200 bis 300 ha LN haben. Will man künftig auch in diesen Betrieben alle Möglichkeiten zur Steigerung der Arbeitsproduktivität und zur Senkung der Selbstkosten ausnutzen, so wird in den nächsten Jahren ein Zusammenschluß von LPG erforderlich werden. Dabei sollte besonders darauf geachtet werden, daß nach Möglichkeit ein Zusammenschluß mit LPG auf besseren Böden vollzogen wird und somit ein Verhältnis der Bodenarten entsteht, das den Verhältnissen der Produktionsgebiete III und IV nahekommt. In sehr vielen Fällen liegen Sandbodengemeinden Gemeinden mit besseren Böden benachbart, so daß ein derartiger Zusammenschluß durchaus möglich erscheint.

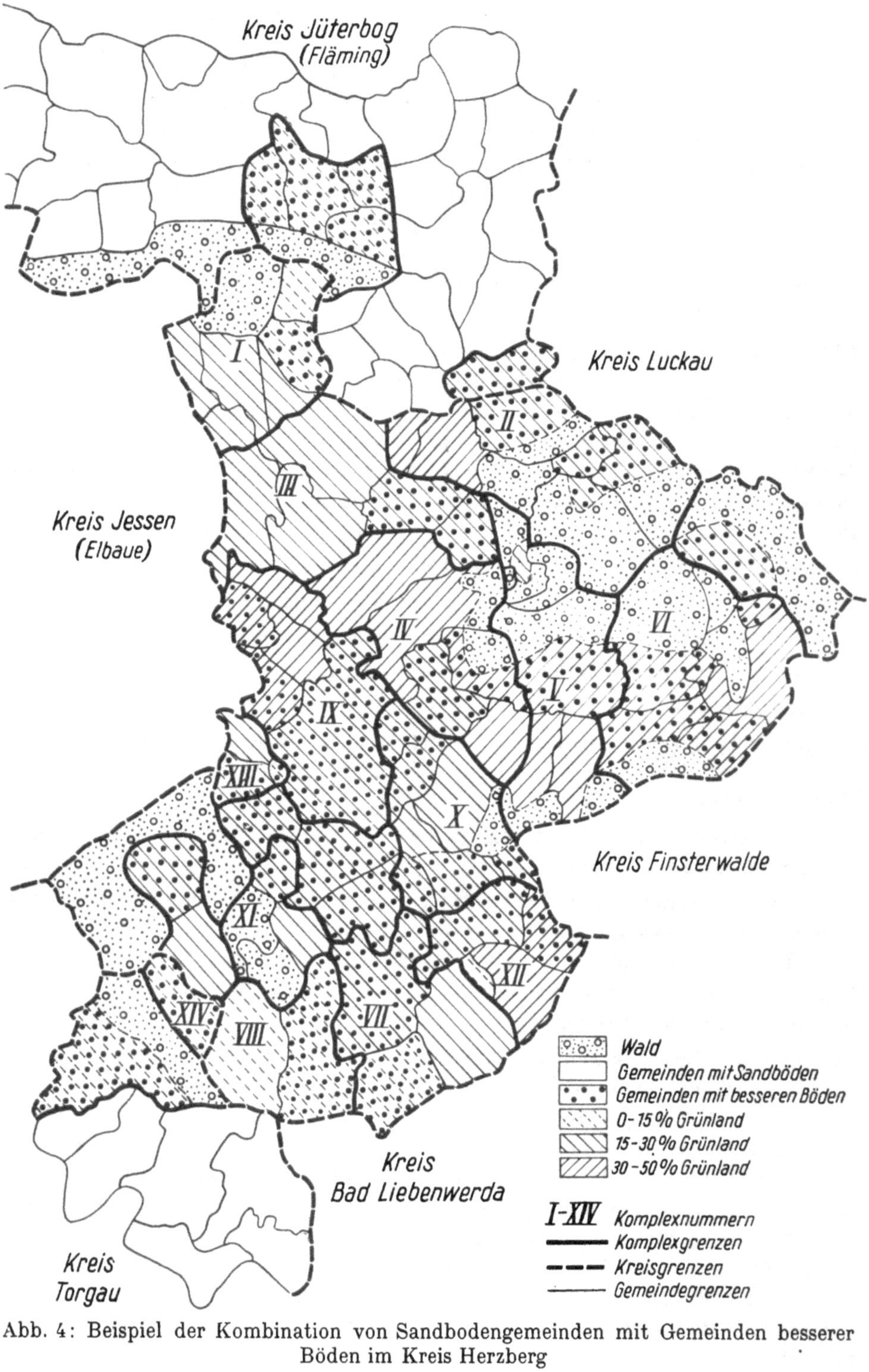

Abb. 4: Beispiel der Kombination von Sandbodengemeinden mit Gemeinden besserer Böden im Kreis Herzberg

In einer Reihe von Gemeinden wird sich durch einen entsprechenden Zusammenschluß innerhalb von Sandbodengemeinden auch der bislang ungünstige Grünlandanteil günstiger gestalten lassen.

Am Beispiel des Kreises Herzberg soll hier einmal veranschaulicht werden, wie ein derartiger Zusammenschluß erfolgen und wie dadurch das Verhältnis der Bodenarten in den entstehenden Betrieben günstiger gestaltet werden könnte (Abb. 4).

Natürlich werden sich in der Praxis in vielen Fällen spezielle Probleme ergeben, die bei dieser theoretischen Skizzierung nicht berücksichtigt werden konnten, aber die Tatsache, daß auf Grund der theoretischen Erhebungen immerhin in den vier Bezirken mit dem höchsten Anteil an Sandbodengemeinden ca. 55% aller Flächen kombinationsfähig zu sein scheinen, charakterisiert die volle Bedeutung dieser einmaligen Möglichkeit. Dabei sollte auf Verwaltungsgrenzen keine Rücksicht genommen werden und wenn nötig die Beauflagung zum Vorteil des Zusammenschlusses günstig verändert werden.

Als weitere dringende Maßnahme steht die vorrangige Verbesserung des Grünlandes in den Sandbodengemeinden.

Die große Mehrzahl der LPG auf Sandböden verfügt über einen relativ günstigen Grünlandanteil, aber dieses Grünland bringt verbreitet nur 25 und 30 bis 35 dt Heu je ha. Durch entsprechende Meliorationsmaßnahmen läßt sich die Ertragsfähigkeit in vielen Fällen auf 50 und 60 bis 65 dt/ha steigern. Diese Ertragssteigerung kann im Hinblick auf die geringen Möglichkeiten des Ackerfutterbaues gar nicht hoch genug eingeschätzt werden. Es muß erreicht werden, daß bei der Planung der Meliorationsvorhaben die der Sandbodengemeinden vorrangig behandelt werden.

Besonders muß das für die Betriebe in geschlossenen Sandbodengemeinden gelten. Bei erfolgter Grünlandverbesserung sollten höhere Düngergaben zugeteilt werden. Ebenso ist hier die Überführung von Wiesen in Weiden wichtig.

Eine ebenfalls sofort in Angriff zu nehmende Maßnahme ist unbedingt die Überprüfung der Planung und Beauflagung der LPG auf Sandböden, die den Produktionsmöglichkeiten und dem Entwicklungsstand der LPG angepaßt sein sollte.

Untersuchungen bestätigen immer wieder, daß die Planung und Beauflagung in den Sandbodengemeinden den Gegebenheiten nicht genügend Rechnung trägt und daß oftmals durch bürokratisches Handeln und durch Gleichmacherei die LPG auf Sandböden in ihrer Entwicklung gehemmt werden. Wiederholt wurde schon von einer Reihe von Instituten, namentlich auch von Müncheberg, gefordert, die LPG in Sandbodengemeinden im Rahmen der Pflichtablieferung nicht so stark mit pflanzlichen Produkten zu beauflagen, den Betrieben mehr Flächen für die Gründüngung zur Verfügung zu stellen, diese aus der Beauflagung herauszunehmen und größere Anreize für die Bewirtschaftung besonders geringwertiger Sandäcker zu gewähren. Z. B. sollten alle Sandbodenflächen, die durch langfristige Maßnahmen verbessert werden, aus der Veranlagung herausgenommen werden.

Weiter sollten alle LPG, die eine durchschnittliche Ackerzahl bis 22 oder 25 haben und über 80% AF Sand bewirtschaften, ganz von der Ablieferung pflanzlicher Produkte befreit werden. Auch die Gemeinden, die über 20% AF gute Böden haben, aber in ihrer durchschnittlichen Ackerzahl unter 25 liegen, sollten so behandelt werden. In sehr ernsten Fällen sollte auch an eine Beseitigung der Pflichtablieferung von tierischen Produkten gedacht werden.

Bei der Planung müßte weiter den Erfordernissen der Hebung der Bodenfruchtbarkeit durch den Anbau bodenverbessernder Pflanzen mehr Beachtung geschenkt werden.

So wurden z. B. dem Kreis Belzig nur 60 ha Gründüngung zugestanden, und das bedeutet in diesem Sandbodenkreis nicht einmal 1 ha für jede LPG. Ähnliche fehlerhafte Planungsmethoden sind uns aus dem Bezirk Neubrandenburg bekannt, wo z. B. die Schafschwingelanbauflächen nicht nach den Erfordernissen der Hebung der Bodenfruchtbarkeit in den sozialistischen Betrieben auf Sandböden, sondern rein schematisch ausgeplant werden. Ernste Mängel gibt es auch bei der Verteilung der Vermehrungsflächen, z. B. von Schafschwingel, Lupinen, Serradella, Winterwicke und bei einer Reihe von Gräsern. Statt die Vermehrung dieser Kulturen in Sandbodenbetrieben zu konzentrieren, wird ein erheblicher Anteil dieser Kulturen auf den Böden vermehrt, wo der höchste Hektarertrag zu erwarten ist. Daneben sollte der Erzeugung von wirtschaftseigenem Saatgut in allen Sandbodenbetrieben eine weit stärkere Beachtung geschenkt werden. Jeder Sandbodenbetrieb sollte bemüht sein, das Saatgut für den Haupt- und Zwischenfruchtanbau im eigenen Betrieb zu erzeugen (3 bis 4% AF).

Damit werden dann auch die Voraussetzungen für eine sinnvolle Gestaltung des Anbauverhältnisses geschaffen, wobei besonders die Kartoffelanbaufläche und der Maisanbau ausgedehnt werden sollten. In einer großen Zahl von Sandbodenbetrieben ist aber ein erfolgreicher Kartoffelanbau erst möglich, wenn ein Mindestanteil an bodenverbessernden Pflanzen im Betrieb als Vorfrucht zur Verfügung steht.

Man kann die wichtigsten erforderlichen staatlichen Maßnahmen für Sandbodenbetriebe, die im Zusammenhang mit der Planung und Beauflagung stehen, wie folgt zusammenfassen:

1. Streichung der pflanzlichen Pflichtablieferung unter den gekennzeichneten Bedingungen
2. Beseitigung der freien Aufkauf-Auflage von Getreide und Kartoffeln
3. Besondere Kreditgewährung zur Erhöhung der Viehbestände
4. Zusätzliche Kraftfutterzuteilung als Grundlage für die Einrichtung bestimmter Betriebszweige in der Viehwirtschaft
5. Beibehaltung der starken Sollermäßigung tierischer Produkte und Streichung in ernsten Fällen
6. Herausnahme der Flächen aus der Veranlagung, auf denen langfristige Meliorationsmaßnahmen durchgeführt werden

7. Konzentration bestimmter Vermehrungskulturen in Sandbodenbetrieben
8. Verstärkte Zuteilung von Gründüngungsflächen, die ebenfalls aus der Veranlagung herausgenommen werden

Die richtige Organisation und Leitung der LPG ist besonders in Sandbodenbetrieben wichtig. Da über einen organisierten Erfahrungsaustausch am ehesten Erfolge in dieser Hinsicht erzielt werden können, sollten in allen geschlossenen Sandbodengebieten in geeigneten LPG Konsultationspunkte der Räte der Kreise für bestimmte Fachgebiete eingerichtet und so ein Netz von Muster-LPG geschaffen werden.

Neben der ganzen Skala der hier zu nennenden Maßnahmen sollte in jedem Sandbodenbetrieb systematisch an der Verbesserung der Bodenfruchtbarkeit gearbeitet werden. Dazu bedarf es einmal des Einsatzes bodenverbessernder Pflanzen, zum zweiten einer ordnungsgemäßen Stalldung- und Kompostwirtschaft, die in Sandbodenbetrieben nicht unterschätzt werden sollte, und zum dritten einer systematischen Vertiefung der Ackerkrume. Namentlich auf grundwasserfernen Regensandböden kommt den bodenverbessernden Pflanzen Lupine, Serradella, Schafschwingel, Steinklee, Winterwicke und einer Reihe von Gräsern eine große Bedeutung zu. Im Verein mit den bodenverbessernden Pflanzen muß besonders auf diesen Böden eine systematische Vertiefung der Ackerkrume betrieben werden.
Auch an die Landmaschinenindustrie müssen spezielle Anforderungen gestellt werden. Es gilt hier, sich den Erfordernissen der Sandböden durch Pflugkörperformen, leichte Traktoren und leichte Maschinen anzupassen.

Eine wichtige Maßnahme zur Verbesserung der Wirtschaftlichkeit der Sandboden-LPG ist die Ausdehnung der Viehbestände im Rahmen des Möglichen. Der Umfang der Rindviehhaltung ist in Sandbodenbetrieben abhängig vom Umfang und der Ertragsfähigkeit des natürlichen Grünlandes sowie von den Möglichkeiten des Ackerfutterbaues. Da letztere sehr beschränkt sind, bestimmt das natürliche Grünland den möglichen Umfang der Rindviehhaltung. Derzeitig ist in fast allen Sandbodenbetrieben noch eine Steigerung des Rindviehbestandes möglich, und besonders im Produktionsgebiet IIc und IId kann der 100-ha-Besatz durchaus dem der Betriebe auf besseren Böden entsprechen. Jedoch wird die Produktivität der Milchviehhaltung die der Betriebe auf besseren Böden nur schwer erreichen. Die Schafhaltung sollte künftig in Sandbodenbetrieben stärkere Beachtung finden, jedoch darf sie nie so umfangreich gestaltet werden, daß das Schaf zum Konkurrenten für das Rindvieh wird.
Die Schweinehaltung ist besonders in den Produktionsgebieten I und IIa und b ein wesentlicher Faktor für die Erreichung der Wirtschaftlichkeit. Mit der Ausdehnung des Kartoffelanbaues muß die Erweiterung der Schweinebestände einhergehen. Da derzeitig der Umfang der Schweinehaltung in starkem Maße durch die zu geringe Menge wirtschaftseigenen Futtergetreides begrenzt wird, müssen künftig nicht nur die Sandboden-LPG vorrangig mit Mastverträgen bedacht werden, sondern ist auch darüber hinaus dafür die Gewähr zu schaffen, daß im Rahmen der Futtergetreidelieferungen für die Mastverträge auch wirklich Futter-

getreide und nicht wie bisher in starkem Maße Futterweizen geliefert wird. Die Möglichkeiten zur Produktion von Futtergetreide sind auf Sandböden äußerst gering, und derzeitig bietet sich den Betrieben nur die Möglichkeit, Roggen zu verfüttern oder Roggen gegen Futterweizen einzutauschen. Auch die vielerorts in der Kreisebene geschaffenen Futtermittelmischbetriebe sind aus dem gleichen Grunde nicht in der Lage, richtige Futtergemische herzustellen. Über diese Futtermittellieferungen für Mastverträge hinaus sollte man den LPG unter besonders ungünstigen Bedingungen, vor allem im Produktionsgebiet I, die Möglichkeit geben, auf der Basis zugekaufter Futtermittel eine zusätzliche Schweinemast aufzubauen. Außerdem sollte in Zukunft angestrebt werden, auch die Schweinezucht in Sandbodenbetrieben stärker auszubauen. Intensivgeflügelhaltung, Wassergeflügelhaltung und Fischwirtschaft können in einer Reihe von LPG die Wirtschaftlichkeit entscheidend fördern.

In der pflanzlichen Produktion kann über eine Reihe von Spezialkulturen und speziellen Betriebszweigen wesentlich zur Hebung der Wirtschaftlichkeit auf Sandböden beigetragen werden. Neben den schon genannten Kulturen zur Bodenverbesserung sind dies in erster Linie verschiedene Gemüsearten, der Obstanbau und der Faserlein. Diese Maßnahmen sollten aber auch vorrangig in Betrieben der geschlossenen Sandbodengebiete (Gruppe III und IV) in Angriff genommen werden.

In einer Reihe von Sandbodenbetrieben, die vorwiegend Regensandböden mit wenig Grünland bewirtschaften, kann durch die Tiefenmelioration wesentlich zur Hebung der Bodenfruchtbarkeit beigetragen werden [4, 9]. Voraussetzung für die Durchführung der Tiefenmelioration ist jedoch, daß von seiten der Regierung ausreichende finanzielle Aufwendungen bereitgestellt werden und daß die durchdie Tiefenmelioration zu verbessernden Flächen aus der Beauflagung herausgenommen werden. Außerdem muß gewährleistet sein, daß Pflüge, die eine einwandfreie Arbeit leisten, zu diesem Zweck angefertigt werden. Die Arbeitsweise der bisher eingesetzten Pflüge kann noch nicht befriedigen. Auch die Tiefenmelioration sollte zunächst vorrangig für die Betriebe der Gruppe III und IV geplant werden.

Eine weitere Ertragssteigerung könnte auf Sandböden durch eine intensivere Düngerwirtschaft herbeigeführt werden. In den Kriegs- und Nachkriegsjahren ist das Nährstoffkapital der Sandböden noch stärker als das der anderen Böden reduziert worden, so daß umgehend ernsthafte Anstrengungen unternommen werden müssen, um den Boden wieder anzureichern und damit die Voraussetzungen für hohe Erträge zu schaffen. Dazu bedarf es jedoch auch einer systematischen und stärkeren Anwendung von anorganischen Düngemitteln und einer verstärkten Zuführung von Spurenelementen. Im jetzt laufenden Wirtschaftsjahr war die Düngemittelbereitstellung vielerorts nur mangelhaft, und die Zusatzmengen, wie sie lt. Gesetz verausgabt werden sollten, sind z. T. nicht voll ausgeliefert worden. Neben der erhöhten Zuteilung von Düngemitteln sollte auch hinsichtlich der Verteilung der einzelnen Düngemittel den Erfordernissen des Sandbodens stärkere Beachtung geschenkt werden. Insbesondere gilt dies für eine bessere Versorgung mit Kalkstickstoff, Kalkammonsalpeter, Thomasmehl und Emgekali.

Von besonderer Bedeutung für die Hebung der Ertragsfähigkeit und Wirtschaftlichkeit wird in Zukunft die Bewässerung der Sandböden sein [2]. Da nur in sehr beschränktem Umfange Klarwasser zur Verfügung steht, wird die Bewässerung hauptsächlich auf Abwässern basieren müssen, die mit größtem ökonomischen Nutzen auf dem Sandboden über Feldfutter und nach Anlage von Dauergrünland auf Sandböden auch auf diesem verregnet werden können. Den Sandbodenbetrieben kann dadurch ganz entscheidende Hilfe gegeben werden. Im Vordergrund sollte jedoch zunächst die Verregnung der Abwässer in geschlossenen Sandbodengebieten für die Betriebe der Gruppe IV stehen. Um unnötige und weniger wirkungsvolle Investitionen zu vermeiden, ist es wichtig, sich im Rahmen der Perspektivplanung schnellstens darüber klar zu werden, wo und wie diese Anlagen in den in Frage kommenden Betrieben (im Hinblick auf die Groß-LPG) entstehen sollen.

Wenn die oben hervorgehobenen Maßnahmen auch noch keineswegs in vollem Umfange alle Verbesserungsmöglichkeiten erfassen, so wären sie doch sehr wohl bei systematischer Beachtung in der Lage, Ertragsfähigkeit und Wirtschaftlichkeit der Sandböden entscheidend zu heben.

Es käme jetzt darauf an, und das ist vorrangig die Aufgabe der im Ministerium bestehenden Einrichtungen, die bereits in genügender Zahl vorliegenden Vorschläge zu prüfen, gewisse Vorarbeiten abzuschließen und die notwendigen Maßnahmen konzentriert zur Anwendung zu bringen. Dabei sollte man unbedingt nach den hier vorgeschlagenen Schwierigkeitsgraden in der Bewirtschaftung der Sandböden vorgehen und wirklich ganz eindeutig auch die schwierigsten Verhältnisse zuerst behandeln. Es kommt jetzt darauf an, sich nicht, wie es bisher oft der Fall war, in Einzelheiten zu verlieren, sondern die Behandlung der Sandbodenfrage von seiten der Staatsorgane in ihrer ganzen Problematik konzentriert und gerichtet in Angriff zu nehmen. Das gilt besonders für eine einheitliche Regelung in den Fragen der Beauflagung und Planung, damit die Härten, die oft durch unterschiedliche, falsche Einschätzung auf örtlicher Ebene entstanden sind, beseitigt werden können.

Auch für die Agrarwissenschaft gilt, daß nach Möglichkeit die Arbeiten über Fragen der Sandböden nicht mehr verzettelt und die Einzelfragen losgelöst voneinander behandelt werden, sondern daß im Komplex für die unterschiedlichen Sandbodengebiete neue Produktionsprozesse erarbeitet werden.

Von besonderer Wichtigkeit ist für die Zukunft auch die Frage, wie bei einem neuen Einpreissystem die Wirtschaftlichkeit der Sandbodenbetriebe garantiert werden kann. Dazu bedarf es jedoch noch einer gewissen Arbeit. Zur Zeit sollte alles daran gesetzt werden, um schnellstens über die Möglichkeiten, die im Zweipreissystem liegen, die Hebung der Wirtschaftlichkeit der Sandbodenbetriebe zu fördern.

ZUSAMMENFASSUNG

Die Hebung der Ertragsfähigkeit und Wirtschaftlichkeit der Sandbodenbetriebe muß systematischer Bestandteil des umfassenden Programms der sozialistischen Umgestaltung der Landwirtschaft in der DDR werden.
Auf der Grundlage einer Inventur werden die von der Bodenschätzung für den Raum der DDR erfaßten 909300 ha AF Sand, von denen 86,1% den geringwertigen Zustandsstufen 4 bis 7 angehören, nach dem Schwierigkeitsgrad der Bewirtschaftung zu 4 Gruppen zusammengefaßt:

1. 451000 ha Sandäcker liegen als geringer Anteil in Gemeinden mit vorwiegend besseren Böden. Hier kann durch produktionstechnische und betriebsorganisatorische Maßnahmen die Wirtschaftlichkeit hergestellt werden.
2. 230000 ha Sandäcker in Sandbodengemeinden sind mit besseren Böden in Nachbargemeinden zu größeren Produktionseinheiten kombinierbar und erreichen dadurch einen Anteil an unabhängigen Böden, der die Erreichung der Wirtschaftlichkeit ermöglicht.
3. 128000 ha Sandäcker in Sandbodengemeinden innerhalb geschlossener Sandbodengebiete können bei richtiger Bewirtschaftung über die Ausnutzung des hohen Grünlandanteils (über 30% LN) ihre Produktion steigern. Jedoch sind zur Lösung der Probleme der Bewirtschaftung schon in stärkerem Maße staatliche Hilfsmaßnahmen erforderlich.
4. 100000 ha Sandäcker in Sandbodengemeinden geschlossener Sandbodengebiete, für die neben einem ausreichenden Grünlandanteil jegliche Kombinationsmöglichkeiten fehlen, bedürfen vorrangig der staatlichen Unterstützung.

Entsprechend der Gradabstufung der gebildeten Gruppen werden produktionstechnische und betriebswirtschaftliche Maßnahmen, betriebswirtschaftliche Maßnahmen mit staatlicher Hilfe und staatliche Maßnahmen zur schnellen Festigung der LPG auf Sandböden vorgeschlagen.

РЕЗЮМЕ

Повышение урожайности и рентабельности хозяйств на песчаных почвах должно стать систематической составной частью обширной программы социалистической перестройки сельского хозяйства в ГДР.
Охваченные бонитировкой на территории ГДР 909300 га пахотной площади песков, из которых 86,1% принадлежат к малоценным степеням состояния 4—7, по степени сложности хозяйственного использования на основе инвентаризации обобщаются в четыре группы.

1. 451000 га песчаных полей занимают маленькую часть территории общин с преимущественно лучшими почвами. Здесь можно восстановить рентабельность путем производственно-технических и хозяйственно-организационных мероприятий.

2. 230000 га песчаных полей в общинах с песчаной почвой можно комбинировать с лучшими почвами соседних общин в более крупные производственные единицы, они таким образом могут стать долей независимых почв, которая дает возможность добиться рентабельности.
3. 128000 га песчаных полей в общинах с песчаной почвой, расположенные на сплошных территориях с песчаной почвой, могут повысить свое производство при лучшем хозяйственном использовании большого удельного веса лугов и пастбищ (больше 30% сельскохозяйственной площади). Однако, решение проблем хозяйственного использования уже требует в большей мере государственной помощи.
4. 100000 га песчаных полей в общинах с песчаной почвой на сплошных территориях с песчаной почвой, при которых нет достаточно лугов и пастбищ и возможностей комбинации, нуждаются первоочередно в государственной поддержке.

Соответственно градации образованных групп предлагаются производственно-технические и хозяйственно-организационные мероприятия с государственной помощью и государственные мероприятия для скорого укрепления сельскохозяйственных производственных кооперативов на песчаных почвах.

SUMMARY

The increase of the productivity and profitableness of farms on sandy soils must become a systematic ingredient of the comprehensive programme of the socialist reorganization of agriculture in the German Democratic Republic.
Based on an inventory, the 909300 ha sand of the arable area affected by a soil estimation for the region of the GDR, of which 86,1% belong to the low-quality classes 4—7, are divided into 4 groups, taken in the order of the degree of difficulty in farming:

1. 451000 ha sandy soils as a small percentage in communities with predominantly better soils. Production-technical and farm-organisational measures may result in profitableness.
2. 230000 ha sandy fields in communities on sandy soils may be combined with better soils of neighbouring communities into greater production units, whereby a percentage of independent soils and thus a profitable farming is reached.
3. 128000 ha sandy fields in communities on sandy soils within close sandy regions may increase their productivity by an appropriate farming and utilization of the high percentage of grassland (more than 30% of the agricultural acreage). For solving these farming problems more subsidies are however necessary.
4. 100000 ha sandy fields in communities on sandy soils of close sandy regions for which not only a sufficient percentage of grassland is missing but also any possibility of combination. Here, a government grant is urgently necessary.

In conformity with the gradation of the groups formed production-technical and economic measures, economic measures with subventions and governmental measures for the rapid development of agricultural cooperatives on sandy soils are suggested.

LITERATURVERZEICHNIS

[1] HENNING, H.: Der Schafschwingelsamenbau in der Griesen Gegend Mecklenburgs unter besonderer Berücksichtigung der unterschiedlichen Wurzelentwicklung der Herbst- und Frühjahrsaussaat. Wiss. Z. Univ. Rostock, math.-naturwiss. R. 1952/53, **2**

[2] NEWRZELLA, B.: Steigerung der Erträge durch Abwasserverwertung. Landwirtschaftsausstellung der DDR, Leipzig-Markkleeberg 1959

[3] PETERSEN, A.: Schultz-Lupitz und sein Vermächtnis. 1954, Berlin Akad.-Verl.

[4] RAUHE, K., und I. LEHNE: Durch tiefere Bodenbearbeitung und Tiefendüngung zu höheren Erträgen auf leichten Böden. Herausgegeben von der Landwirtschaftsausstellung der DDR. 1959, Leipzig

[5] RÜBENSAM, E.: Die Standortverteilung der landwirtschaftlichen Produktion. 1960, Berlin

[6] STREUBER, G.: Die Nettobodenproduktion typischer Sandbodenbetriebe und Möglichkeiten zu ihrer Steigerung durch standortgerechte Bewirtschaftung. 1959, Diss. Univ. Rostock

[7] WACKER, G.: Der mehrjährige Kleegrasbau auf feinkörnigen Sandböden. Wiss. Z. Univ. Rostock, math.-naturwiss. R. 1955/56, **5**

[8] Autorenkollektiv des Institutes der Landwirtschaftlichen Betriebslehre der Universität Rostock: Zur Perspektivplanung landwirtschaftlicher Produktionsgenossenschaften. 1959, Rostock, Ostsee-Druck

[9] Probleme der Bewirtschaftung von Sandböden. Vorträge der wissenschaftlichen Arbeitstagung am 26. und 27. September 1957 im Institut für Acker- und Pflanzenbau Müncheberg der Deutschen Akademie der Landwirtschaftswissenschaften zu Berlin. Tag.-Ber. Dt. Akad. Landwirtsch.-Wiss. Berlin 1958, **14**

G. STREUBER[1]

Zur Organisation der Saatenvermehrung auf Sandböden unter Berücksichtigung von Erfahrungen bei der Bildung von Saatbau-LPG

Für die weitere Ertragssteigerung in unseren sozialistischen Landwirtschaftsbetrieben ist die Verbesserung der Saat- und Pflanzgutproduktion von entscheidender Bedeutung. Die Anforderungen, die im Rahmen des Siebenjahrplanes an die pflanzliche Produktion gestellt werden, sind nur zu erfüllen, wenn bei Anwendung aller wissenschaftlichen Erkenntnisse neben einem verstärkten Einsatz der modernen Technik ganz besonders auch die Möglichkeiten zur Spezialisierung der Produktion bei gleichzeitiger Kooperation ausgenutzt werden. Eine zweckentsprechende Standortverteilung der anzubauenden Fruchtarten — auch zum Zwecke der Saatguterzeugung — ist dabei besonders wichtig.

Die entscheidende Verbesserung der Saatgutversorgungslage in der DDR und die Erhöhung des Saatenexportes machen es notwendig, die Saatguterzeugung in unseren sozialistischen Großbetrieben nach wissenschaftlichen Erkenntnissen und praktischen Erfahrungen systematisch zu organisieren.

Ausgehend von den Empfehlungen der 3. und 4. LPG-Konferenz und einem Ministerratsbeschluß vom Februar 1956 über die Saat- und Pflanzguterzeugung und -verteilung in der DDR wurde schon seit mehreren Jahren die Entwicklung einer Reihe von LPG zu speziellen Saatbau-LPG angestrebt. Die Überführung des Vermehrungsanbaues in spezielle Saatbau-LPG ging jedoch nur sehr langsam vor sich. 1958 betrug zum Beispiel im Bezirk Rostock die durchschnittliche Vermehrungsfläche bei Kartoffeln nur 1,7 ha je Vertrag und noch 1959 entfielen im Bezirk Rostock auf jeden Anbauberater der DSG ca. 650 ha Vermehrungsfläche, die sich mit insgesamt etwa 200 Verträgen auf 50 bis 80 Betriebe verteilten. Je Beratungsbereich waren etwa 15 bis 20 LPG zu betreuen. Die Ursachen für diese Situation sind vor allem darin zu sehen, daß zwar eine Reihe von LPG beschlossen, die Saatenvermehrung vorrangig zu betreiben, ihnen aber konkrete Vorstellungen über die Möglichkeiten der Ausdehnung und der Eingliederung des Vermehrungsanbaues fehlten.

[1] Dr. Gerhard STREUBER
Wissenschaftlicher Mitarbeiter des Institutes der Landwirtschaftlichen Betriebslehre der Universität Rostock

In den Jahren 1959 und 1960 wurden, aufbauend auf Untersuchungen in den Bezirken Leipzig und Rostock [3, 8], Vorstellungen über die zweckmäßigste Betriebsorganisation von Saatbau-LPG entwickelt. Als Spezialbetriebe für die Saatguterzeugung sind danach solche LPG zu bezeichnen, die außer der Getreidevermehrung etwa 20 bis 28% der AF mit Vermehrungskulturen bebauen.
Unter den Bedingungen des norddeutschen Küstenklimas wird sich zum Beispiel auf besseren, kleefähigen Böden dieser Vermehrungsanteil etwa wie folgt zusammensetzen:

mindestens 10%	der AF Kartoffeln bei ca. 15% Gesamtanbau
3—5%	der AF Rotklee
2—4%	der AF Gräser
5—7%	der AF Hülsenfrüchte
0,5—1%	der AF Gemüse und Sonstiges
20,5—27%	der AF Vermehrungsfläche

Eine Getreidevermehrung stellt den Betrieb in arbeitswirtschaftlicher Hinsicht vor keine besonderen Probleme und kann demzufolge ohne Schwierigkeiten in jeden gut organisierten Saatbaubetrieb eingegliedert werden.
Neben den im Beispiel angeführten gibt es noch eine Anzahl anderer Fruchtarten, die in gleicher Weise in den Saatbau-LPG vermehrt werden müßten. Es sollte nur gezeigt werden, wie die Vermehrungsfläche sich zusammensetzen könnte. In der Mehrzahl der Fälle wird es zweckmäßig sein, etwa 5 bis 8 Fruchtarten in einem Betrieb zu vermehren, bei Kartoffeln außerdem in der Regel noch mehrere Sorten.
Ein derartiger Umfang der Saatguterzeugung wird entscheidend die gesamte Betriebsorganisation bestimmen. Auch bei der Errichtung von speziellen Produktionsbauten und der Ausstattung der Betriebe mit speziellen Produktionsmitteln wird man den Besonderheiten der Saatenvermehrung Rechnung tragen müssen.
Die Eingliederung der Vermehrung in dem geforderten Umfang ist nur möglich, wenn entweder Art und Umfang der Viehhaltung und damit gleichzeitig die Marktproduktion an tierischen Produkten oder das Ackerflächenverhältnis und damit gleichzeitig die Marktproduktion an pflanzlichen Produkten verändert werden.
Eine Einschränkung der Futterflächen und damit des Umfanges und der Produktivität der Viehhaltung zugunsten der Saatenvermehrung sollte aus volkswirtschaftlichen Gründen gegenwärtig jedoch nicht vorgenommen werden. Hinzu kommt, daß eine Verlagerung der tierischen Produktion in größerem Umfange fast immer die Errichtung weiterer Produktionsbauten erfordert. So wird zunächst die Überführung von Vermehrungsflächen in die Saatbau-LPG durch den Austausch von Fruchtarten erfolgen müssen, indem in Saatbau-LPG künftig zum Beispiel technische Kulturen nicht mehr, Ölfrüchte nur teilweise und Getreide in geringerem Umfange zum Anbau kommen. Dieser Austausch mit LPG, die zukünftig nicht mehr oder nur noch für einige Fruchtarten Saatgut erzeugen, ist ohne Schwierigkeiten möglich. Dadurch wird auch die richtige Festlegung der Marktproduktion erleichtert. In vielen Saatbau-LPG mit einer umfangreichen Pflanzkartoffelvermehrung wird sich eine gleichzeitige Entwicklung zu Ferkel-

aufzucht- oder Läuferlieferbetrieben anbieten. Die Schafhaltung wird sich sinnvoll einordnen lassen. Von einer umfangreichen Hühnerintensivhaltung sollte man in Saatbau-LPG absehen. Sobald in Saatbau-LPG mit einer umfangreichen Kartoffelvermehrung die baulichen und technischen Voraussetzungen geschaffen sind, sollte man in diesen Betrieben zur Pflanzkartoffelerzeugung auf der gesamten Kartoffelanbaufläche übergehen. Voraussetzung hierzu ist aber das Vorhandensein von vollmechanisierten Kartoffellagerhallen mit einer ausreichenden Kapazität, Pflanzkartoffellegemaschinen, die auch einwandfrei bei einem Knollenabstand von 30 cm und weniger in der Reihe arbeiten, Aggregaten zum maschinellen Krautziehen und Spezial-Katoffelsortiermaschinen, die eine gebrochene Sortierung in mindestens 4 Größengruppen ermöglichen.
Für diese Saatbau-LPG wird dann jedoch auch eine Verringerung der Marktproduktion an Schweinefleisch notwendig werden.
Die Auswahl der Betriebe, die zu Saatbau-LPG entwickelt, und die Auswahl der Fruchtarten, die in diesen Saatbau-LPG vermehrt werden sollen, kann nur entsprechend den Vorstellungen der DSG über die Rayonierung der Saatenvermehrung erfolgen. So werden zum Beispiel die Saatbau-LPG, die eine umfangreiche Pflanzkartoffelvermehrung betreiben — und das wird in den nördlichen Bezirken der DDR die Mehrzahl sein — in den Gebieten liegen müssen, die auf Grund ihrer Boden- und Klimaverhältnisse sowie ihrer Gesundheitslage und der Nematodensituation besonders geeignet sind. Innerhalb dieser Gebiete wird gleichzeitig die Bildung von größeren geschlossenen Pflanzkartoffel-Erzeugungsgebieten (Gesundheitsinseln), in die auch entsprechende VEG mit einbezogen werden sollten, angestrebt werden müssen.
Andere Fruchtarten, die neben den Kartoffeln in den Saatbau-LPG vermehrt werden, sollten ebenfalls unter Beachtung der von der DSG vorgesehenen Rayonierung ausgewählt werden. So wird zum Beispiel bei der Saatenvermehrung der Gräser eine Konzentration erfolgen. Im Bezirk Rostock vermehren künftig nur die Kreise Grevesmühlen, Rostock, Ribnitz-Damgarten und Greifswald Welsches Weidelgras, und die Kreise Wismar, Doberan, Stralsund und Rügen übernehmen das Deutsche Weidelgras. Die Vermehrung von Knaulgras wird in den Kreisen Ribnitz-Damgarten, Stralsund und Rügen konzentriert, die des Wiesenlieschgrases übernehmen die Kreise Wismar, Doberan, Rügen und Greifswald. In gleicher Weise wird auch die Saatenvermehrung bei anderen Fruchtarten, zum Beispiel bei Futterrüben und Zuckerrüben, konzentriert werden.
Die Vorteile, die sich aus einer Konzentration der Saatenvermehrung ergeben — im Bezirk Rostock müßten etwa 40 bis 50 LPG mit einer durchschnittlichen Betriebsgröße von ca. 1500 ha zu Saatbau-LPG entwickelt werden — sind offensichtlich. Als wesentliche Vorteile mögen hier nur genannt werden:

1. höhere Erträge bei größeren Partien in besserer Qualität
2. rationeller Samenbau bei hoher Arbeitsproduktivität
3. rationeller Einsatz und Auslastung von Produktionsbauten und Technik
4. bessere Anbaukontrolle
5. Konzentration und Spezialisierung der Fachkräfte

In allen Saatbau-LPG sollte deshalb der Umfang jeder zur Saatenvermehrung angebauten Fruchtart grundsätzlich so groß sein, daß die volle Auslastung der heute und in Zukunft zur Verfügung stehenden Technik gewährleistet ist.
Da der Umfang der in den einzelnen Bezirken zur Vermehrung kommenden Fruchtarten sehr unterschiedlich ist und der Einordnung der einzelnen Fruchtarten in das Anbauverhältnis der Saatbau-LPG vor allem aus Gründen der Fruchtfolge und der Arbeitswirtschaft Grenzen gesetzt sind, werden sich nicht alle zur Vermehrung vorgesehenen Fruchtarten in vollem Umfange in den Saatbau-LPG unterbringen lassen.
Im Bezirk Rostock werden voraussichtlich in den nächsten Jahren in den vorgesehenen Saatbau-LPG die Fruchtarten in folgendem Umfange vermehrt werden können:

Kartoffeln	ca. 85%
Klee insgesamt	45%
Körnerleguminosen	80%
Serradella	50%
Gräser	100%
Kohlrüben	100%
Gemüse	70%

Insgesamt wird die Vermehrung zu ca. 70% in den Saatbau-LPG erfolgen. Die restlichen 30% werden auch in den nächsten Jahren noch in LPG, die nicht den Charakter einer Saatbau-LPG tragen, aber mit solchen zusammenarbeiten, verbleiben.
Vor allem die Kleearten und von diesen besonders der Rotklee werden also auch künftig zu einem wesentlichen Teil in Betrieben, die nicht zu Saatbau-LPG entwickelt werden, vermehrt werden müssen. Dadurch bleibt diesen Betrieben auf den besseren Böden eine entscheidende Voraussetzung zur weiteren Produktionssteigerung erhalten.
Vorläufige Vorstellungen über die Spezialisierung und Konzentration des Vermehrungsanbaues in Saatbau-LPG bestehen auch für die Sandbodengebiete.
Der Vermehrungsanteil einer Saatbau-LPG auf leichtem, nicht mehr kleefähigem Boden sollte sich danach etwa wie folgt zusammensetzen:

mindestens	10—12%	der AF Kartoffeln bei 15 bis 18% Gesamtanbau
	5— 8%	der AF Lupinen
	2— 3%	der AF Serradella
	3— 5%	der AF Winterwicke
	20—28%	der AF Vermehrungsfläche

Natürlich ist auch hier die Zahl der zur Vermehrung geeigneten Fruchtarten größer, und die Zusammensetzung des Vermehrungsanteils wird vor allem auf den Sandböden des Binnenklimas durch das Ausscheiden der Kartoffelvermehrung anders sein als in diesem ebenfalls für den norddeutschen Raum gedachten Beispiel.
Während also bei der Einrichtung von Saatbau-LPG auf besseren Böden in erster Linie eine Konzentration der Vermehrung und damit die Ausnutzung der genann-

ten Vorteile im Vordergrund steht, geht es bei der Neuordnung der Saatenvermehrung in den Sandbodenbetrieben in erster Linie um die Hebung der Ertragsfähigkeit der Sandäcker und damit um die Verbesserung der Wirtschaftlichkeit der Sandbodenbetriebe. Dieser Forderung haben sich alle Maßnahmen unterzuordnen. Entscheidend für die Hebung der Ertragsfähigkeit ist die Erhaltung und Mehrung der Bodenfruchtbarkeit. Dies erfordert nicht nur die Erhöhung der Viehbestände und als Voraussetzung dazu die Steigerung der Erträge vor allem auf dem natürlichen Grünland und im Ackerfutterbau, sondern darüber hinaus vor allem den Einsatz bodenverbessernder Pflanzen. Der Anbau bodenverbessernder Pflanzen auf Sandböden ist aber in der Praxis z.Z. weitgehend gekoppelt mit der Saatguterzeugung bei diesen Fruchtarten.

Also ist die Frage zu klären, ob die Saatgutvermehrung aus Gründen der Bodenverbesserung durch die spezifisch dazu geeigneten Fruchtarten unbedingt in der Mehrzahl der Sandbodenbetriebe weiter vorgenommen werden muß oder ob andere Maßnahmen möglich sind, die sowohl den Interessen der Sandbodenbetriebe als auch dem Ziel der Neugestaltung der Saatguterzeugung entsprechen.

Die Böden innerhalb der Bodenart Sand (S) sind von einer sehr unterschiedlichen Ertragsfähigkeit, die sich in den Ackerzahlen auch nicht annähernd widerspiegelt. PETERSEN [4] hat nachdrücklich auf diese Mängel der Bodenschätzung hingewiesen. HENNING [1] hat versucht, eine Grundlage für eine genauere Kennzeichnung zu schaffen, indem er „Grundwassersandböden“ und „Regensandböden“ unterschied und beide in „weiche“, „feinkiesige“, „grobkiesige“ und „steinigkiesige“ weiter unterteilte. JANNERMANN [2] hat neuerdings versucht, die Sandäcker nach dem Schwierigkeitsgrad ihrer Bewirtschaftung und einer weiteren Entwicklungsmöglichkeit zu gruppieren. Er unterscheidet folgende Gruppen:

1. Gruppe: Sandäcker als geringer Anteil in Gemeinden mit vorwiegend besseren Böden
2. Gruppe: Sandäcker in Sandbodengemeinden, die mit besseren Böden in Nachbargemeinden zu größeren Produktionseinheiten kombinierbar sind und dadurch einen höheren Anteil an unabhängigen Böden erreichen können
3. Gruppe: Sandäcker in Sandbodengemeinden innerhalb geschlossener Sandbodengebiete, die über einen günstigen Grünlandanteil (über 30% der LN) verfügen oder einen solchen durch Kombination erreichen können
4. Gruppe: Sandäcker in Sandbodengemeinden innerhalb geschlossener Sandbodengebiete, die über keinen ausreichenden Grünlandanteil verfügen und für die auch jegliche Kombinationsmöglichkeiten fehlen

Nach dieser Einteilung ist es offensichtlich, daß die Bedeutung der Saatgutproduktion in den Sandbodenbetrieben mit sinkendem Grünlandanteil steigt und dort am notwendigsten ist, wo Sandbodengemeinden [Produktionsgebiete 1 und 2 nach RÜBENSAM, 6] in solchen geschlossenen Gebieten liegen, für die sich auch in den nächsten Jahren keine Möglichkeiten zu einer sinnvollen Kombination mit besseren Böden oder günstigeren Grünlandverhältnissen in Nachbargemeinden ergeben. Das werden insgesamt etwas 100000 ha AF sein, vorwiegend in den Bezirken Schwerin, Neubrandenburg, Potsdam, Frankfurt/Oder und Cottbus. Für Betriebe in dieser 4. Gruppe ist die Verbesserung der Ertragsfähigkeit der Böden über eine Gründüngung eine hohe Belastung. Es bestehen nämlich während eines ganzen Jahres nur Kosten. Die Einnahmen pro ha LN liegen in diesen Betrieben aber so niedrig, daß der Ausfall eines Teiles der Einnahmen aus der pflanzlichen Produktion nicht tragbar ist. Hinzu kommt, daß auch für die Rauhfutterversorgung nicht auf die, wenn auch nur geringen und relativ minderwertigen Futterstoffe verzichtet werden kann. Natürlich wird die Gründüngung immer in diesen Betrieben ihren Platz behalten, schon allein durch die gerade für diese Sandäcker notwendige Tiefenmelioration und für die Rekultivierung devastierter Sandäcker. Die vorrangige Anwendung der Tiefenmelioration auf Flächen dieser 4. Gruppe ist eine Forderung, die nicht nachdrücklich genug erhoben werden kann.

Neben diesen Gebieten, in denen die Saatguterzeugung in den Betrieben vorrangig entwickelt werden sollte, müssen aber auch Betriebe, die in Gemeinden innerhalb geschlossener Sandbodengebiete mit günstigeren Grünlandverhältnissen liegen, mit in die Saatguterzeugung einbezogen werden. Die Ertragsfähigkeit dieser absoluten Grünländereien ist teilweise nur gering und läßt sich oftmals auch nur durch langfristige Meliorationsvorhaben mit staatlicher Hilfe verbessern. Die Stallmistproduktion wird in diesen Betrieben aber immer noch so gering sein, daß bodenverbessernde Pflanzen eine unbedingte Voraussetzung für die weitere Steigerung der Erträge sind. Auf diese 3. Gruppe entfallen etwa weitere 128000 ha Sandäcker. In den restlichen beiden Gruppen wird eine Hebung der Ertragsfähigkeit dieser Sandböden durch eine sinnvolle innerbetriebliche Spezialisierung und darüber hinaus über einen verstärkten Anbau spezifisch für Sandböden geeigneter Kulturen als Futterpflanzen und als Zwischenfrucht möglich sein, so daß die Saatenvermehrung hier nur bedingt notwendig erscheint. Teile dieser Sandäcker werden auch hier nur durch besondere Maßnahmen verbessert werden können. Man sollte aber deshalb eine besondere Konzentration des Vermehrungsanbaues innerhalb von Saatbau-LPG wegen der Verbesserung der Ertragsfähigkeit der Böden nicht fordern. Der Weg zur weiteren Steigerung der Bodenfruchtbarkeit wird in diesen Betrieben im Rahmen eines ganzen Komplexes von Maßnahmen vorwiegend über eine intensive Stalldungwirtschaft und über einen verstärkten Anbau bodenverbessernder Pflanzen als Futterkulturen und besonders als Zwischenfrüchte führen.

Hier ist die Forderung zu erheben, daß ausschließlich zur Saatguterzeugung angebaute Fruchtarten, wie z. B. der Schafschwingel, im Interesse der Erhaltung der Bodenfruchtbarkeit auch weiterhin in allen Betrieben der 3. und 4. Gruppe, die klimatisch und bodenmäßig für diesen Zweck geeignet sind, zur Saatguterzeugung verbleiben. Die mit Recht zu fordernde Konzentration der Saatenvermehrung auch auf Sandböden und die Schaffung großer Vermehrungsflächen sollte über eine Verlagerung der Vermehrungsflächen von den besseren Böden zu diesen Sandböden hin erreicht werden. Eine derartige Konzentration ist möglich, und sie bietet sich an, werden doch in der DDR spezifisch für Sandböden geeignete Fruchtarten etwa in folgendem Umfang zur Saatenvermehrung jährlich angebaut:

Süßlupine	15000 ha
Bitterlupine	1300 ha
Serradella	12000 ha
Schafschwingel	10000 ha
Knaulgras	1700 ha
Winterwicke	6000 ha
Steinklee	700 ha
insgesamt	46700 ha

Ein erheblicher Teil dieser Kulturen steht heute immer noch in Betrieben auf besseren Böden, obwohl sie nun endlich in die Betriebe auf solche Böden übergehen sollten, für die sie gezüchtet wurden und für die sie jährlich vermehrt werden. Diese Betriebe können nur mit Hilfe eines maximalen Viehbesatzes und durch einen umfangreichen Anbau bodenverbessernder Pflanzen in ihrer wirtschaftlichen Entwicklung gefördert werden. Der heute vor allem in Kreisen der DSG noch weit verbreiteten Meinung, diese Kulturen müssen dort vermehrt werden, wo sie den höchsten Hektarertrag bringen, muß entschieden entgegengetreten werden. Sie ist sogar in volkswirtschaftlicher Hinsicht als falsch zu bezeichnen, denn diese im Vergleich zu anderen Fruchtarten auf besseren Böden weniger ertragreichen Früchte vermindern die Marktleistung der Betriebe auf besseren Böden und gleichzeitig durch ihr Fehlen in den Sandbodenbetrieben auch die Ertragsfähigkeit der Sandäcker. Der Anbau dieser Fruchtarten als Vermehrungskulturen in Betrieben mit besseren Böden, der erst in den letzten 15 Jahren in stärkerem Maße erfolgt ist, hat seine Ursache z. T. in den Vergünstigungen, die seit dieser Zeit für die Saatenvermehrung generell gewährt wurden. Um ein weiteres Zurückbleiben der Betriebe auf Sandböden zu vermeiden, muß man jetzt endlich die Möglichkeiten ausnutzen, die sich durch eine Verlagerung dieser Vermehrungsflächen für die Ertragssteigerung und die Festigung der Wirtschaftlichkeit unserer sozialistischen Landwirtschaftsbetriebe auf Sandböden ergeben. Diese Maßnahme dürfte selbst dann noch gerechtfertigt sein, wenn durch die Verlagerung eine Erweiterung der Vermehrungsflächen um vielleicht 5 bis 10000 ha notwendig werden sollte.

Die richtige territoriale Verteilung dieser Vermehrungskulturen wird ein entscheidender Faktor für eine erfolgreiche Saatguterzeugung sein. Die Sandböden sind in sich sehr unterschiedlich. Klima, Entstehungsart, Wasserverhältnisse und Korngrößenzusammensetzung bestimmen nicht nur ihre Ertragsfähigkeit, sondern auch ihre Eignung als Standort für die Saatenvermehrung. Da aber Eignungszonen oder sonstige graduelle Abstufungen, die unter Berücksichtigung dieser Faktoren erarbeitet wurden, fehlen, können hier nur Andeutungen zur territorialen Verteilung gemacht werden.

Der Anbau der Bitterlupine ist gegenwärtig auf die Kreise Wolgast, Ückermünde, Ludwigslust, Belzig und Lübben beschränkt. Da sich das erforderliche Saatgut hier in vollem Umfange erzeugen läßt, sollte er er auch nicht weiter ausgedehnt werden, um eine Vermischung mit der Süßlupine zu vermeiden. Der Saatgutbedarf wird in erster Linie durch den Umfang der Rekultivierung devastierter Sandböden, durch den Umfang der Tiefenmelioration der Sandböden und durch den Einsatz der Bitterlupine als Gründüngungspflanze bestimmt werden. Jedoch sollte Saatgut für Gründüngungsflächen erst zu so späten Terminen ausgeliefert werden, daß die Gewähr gegeben ist, daß die Bestände nicht mehr ausreifen und damit der Gefahr einer Vermischung wenigstens zum Teil begegnet wird.

Die Süßlupine und die Serradella werden das größte Verbreitungsgebiet haben, jedoch wird der Schwerpunkt ihres Anbaues in den Bezirken Schwerin, Neubrandenburg, Potsdam, Cottbus und Frankfurt/Oder liegen. Dabei werden beide in den Kreisen, in denen ein umfangreicher Schafschwingelsamenbau betrieben wird, auch künftig nur eine untergeordnete Rolle spielen. Der Saatgutbedarf wird sich in den kommenden Jahren vor allem mit der weiteren Ausdehnung des Zwischenfruchtanbaues vergrößern. Süßlupine und Serradella sowie deren Gemenge werden als Zwischenfrucht in stärkerem Maße Eingang in die Sandbodenbetriebe finden. Auch als Hauptfrucht dürften beide ihre bisherige Anbauausdehnung behalten. Zur Heugewinnung wurden in der DDR in den vergangenen Jahren jährlich ca. 30000 ha Serradella angebaut, weitere 40000 ha stehen jährlich als Untersaat (7). Die derzeitig in der Praxis verbreitete Ansicht, die im Handel befindlichen Sorten der Süßlupine seien so anspruchsvoll, daß sie für Sandböden nicht mehr wie einst die Bitterlupine geeignet seien, ist nur zum Teil berechtigt. Mißerfolge mit der Süßlupine sind oftmals eine Folge des zu geringen Nährstoffkapitals — insbesondere des zu niedrigen P_H-Wertes — der Sandböden. Andererseits kann vor allem auf sehr geringen Sandböden, die in einem schlechten Kulturzustand sind, die Überlegenheit der Bitterlupine nicht in Abrede gestellt werden. Nach erfolgter Aufbesserung des Nährstoffkapitals unserer Sandäcker, die unbedingt in Angriff genommen werden muß, dürften sich eine Reihe von Sandbodenbetrieben dem Süßlupinenanbau, allein schon im Hinblick auf die Eiweißversorgung, wieder stärker zuwenden.

Der Schafschwingelsamenbau ist um so erfolgreicher, je kiesiger die Sandböden sind, auf denen er betrieben wird. Deshalb sollte auch künftig der Schwerpunkt des Anbaues im Bezirk Schwerin, in den südlichen Kreisen des Bezirkes Neubrandenburg und in den nördlichen Kreisen des Bezirkes Potsdam verbleiben. Eine Erweiterung der Vermehrungsfläche ist anzustreben, jedoch ist diese Erweiterung abhängig von der Schaffung zusätzlicher Absatzmöglichkeiten für Schafschwingelsaatgut. Der inländische Saatgutbedarf wird steigen, wenn in den kommenden Jahren in stärkerem Maße zum zweijährigen, zum einjährigen und zum Schafschwingelanbau als Zwischenfrucht übergegangen wird. Die Richtigkeit und die Notwendigkeit der Intensivierung des Schafschwingelanbaues ist u. a. von HENNING [1] umfassend nachgewiesen worden. Es sollte künftig vor allem der Nutzung des Schafschwingels als Zwischenfrucht in allen Betrieben mit Sandböden und anlehmigen Sandböden noch mehr Beachtung geschenkt werden. Als Zwischenfrucht gleichzeitig mit dem Winterroggen im Herbst ausgesät, ist der

Schafschwingel vor allem auf allen Schlägen, auf denen nach Roggen Kartoffeln folgen, in der Lage, erhebliche Wurzelmassen zu bilden und nachhaltig zur Hebung der Bodenfruchtbarkeit beizutragen. Da der Schafschwingel als Zwischenfrucht nicht ausschließlich an die kiesigen Sandböden gebunden ist, sondern auf allen Sandböden und anlehmigen Sandböden mit gutem Erfolg gebaut werden kann, dürfte der inländische Saatgutbedarf weiter zu steigern sein.

Das Knaulgras wird nur auf den besseren Sandböden des Binnenklimas eine größere Bedeutung erlangen, und dort sollte auch die Vermehrung konzentriert werden.

Dem Steinklee als Futterpflanze und zur Vermehrung dürften sich in den nächsten Jahren zunächst nur die besseren Sandböden mit gutem Kalkgehalt in stärkerem Umfange erschließen.

Die Winterwicke ist am wenigsten an einen bestimmten Standort gebunden. Sie wird sich überall dort auf Sandböden in die Vermehrung einbeziehen lassen, wo noch genügend Feuchtigkeit vorhanden ist.

Zusammenfassend kann festgestellt werden, daß eine direkte Übertragung der Erkenntnisse, die bei der Bildung von Saatbau-LPG auf besseren Böden gewonnen wurden, nicht möglich ist. Eine Verlagerung der Saatguterzeugung aller spezifisch für Sandböden geeigneten Kulturen in Sandbodenbetriebe muß mit allem Nachdruck gefordert werden. Auch eine Konzentration dieser Vermehrungsflächen in wenigen Gruppen von Sandbodenbetrieben muß ohne Einschränkungen befürwortet werden, vor allem, wenn diese ohne die Saatenvermehrung ihre Wirtschaftlichkeit nicht erheblich verbessern können. Die Zahl der diesen Betrieben zur Vermehrung zur Verfügung stehenden Fruchtarten ist aber sehr beschränkt. Ihr Einfluß auf die Schwerpunktbildung des Betriebes ist so gering, daß der Charakter einer Saatbau-LPG, nach dem alle anderen Produktionszweige in Abhängigkeit von der Saatguterzeugung organisiert werden, sich nur erkennen läßt, wenn neben einem Anteil des Vermehrungsanbaues dieser Fruchtarten von 12 bis 18% der AF gleichzeitig mindestens auf 15% der AF Pflanzkartoffelerzeugung betrieben wird. Diese Voraussetzungen sind jedoch nur in den Bezirken Schwerin und Neubrandenburg teilweise erfüllbar. Den Vermehrungsanteil außer Kartoffeln und Getreide, das ohnehin in Sandbodenbetrieben nur in beschränktem Umfange vermehrbar ist, über 18% der AF hinaus zu erhöhen, kann nur in einigen sehr dringenden Fällen zweckmäßig sein. In der Mehrzahl der Fälle wird ein derartiger Anteil bei richtiger Einordnung in die Fruchtfolgen, bei einem starken Zwischenfruchtanbau und bei gleichzeitiger maximaler Erhöhung der Viehbestände ausreichen, um eine gute Ertragsfähigkeit der Böden zu ermöglichen. Eine Erhöhung wäre außerdem aus volkswirtschaftlichen Erwägungen heraus im Interesse der Erzielung einer hohen Marktproduktion an Getreide, Kartoffeln und Erzeugnissen aus der Viehwirtschaft nicht zu vertreten.

Die Bemühungen um eine Konzentration der Saatenvermehrung in spezialisierten Betrieben auf Sandböden sollten mit dem Ziel fortgeführt werden, für Sandböden spezifisch geeignete Kulturen nur in Sandbodenbetrieben auf so großen Flächen zu vermehren, daß der Einsatz und die rationelle Auslastung der modernen

Technik gewährleistet werden können. Die Konzentration sollte vorangig in Gemeinden innerhalb geschlossener Sandbodengebiete erfolgen, unabhängig davon, ob in allen Betrieben der Charakter einer Saatbau-LPG im gegenwärtigen Sinne erreicht wird. Sie darf aber in keinem Falle so weit getrieben werden, daß dadurch künftig die Ertragsfähigkeit und damit die Wirtschaftlichkeit nicht mehr Saatgut vermehrender Sandbodenbetriebe ernsthaft in Frage gestellt wird.

ZUSAMMENFASSUNG

Im Rahmen der Spezialisierung der landwirtschaftlichen Produktion wird auch die Saatguterzeugung konzentriert werden. Die bisherigen Erkenntnisse über die Einrichtung von Saatbau-LPG, die auf besseren Böden gesammelt wurden, lassen sich nicht auf Sandbodenbetriebe übertragen. Spezifisch für Saatenvermehrung auf Sandböden geeignete Fruchtarten haben gleichzeitig eine entscheidende Bedeutung für die Erhaltung und Mehrung der Bodenfruchtbarkeit. Dieser besonderen Bedeutung muß die künftige Organisation der Saatenvermehrung Rechnung tragen. Eine Konzentration dieser Fruchtarten in Sandbodenbetrieben wird durch eine Verlagerung der spezifisch für Sandböden geeigneten Fruchtarten von den besseren Böden zu den Sandböden erreicht werden können. Die Saatgutvermehrung sollte vorrangig in Sandbodenbetrieben innerhalb geschlossener Sandbodengebiete mit wenig Grünland bzw. wenig ertragreichem Grünland vorgenommen werden, unabhängig davon, ob der Charakter einer Saatbau-LPG im gegenwärtigen Sinne erreicht wird. Die Konzentration darf in keinem Falle so weit getrieben werden, daß dadurch künftig die Wirtschaftlichkeit nicht mehr Saatgut vermehrender Sandbodenbetriebe ernsthaft in Frage gestellt wird.

РЕЗЮМЕ

В рамках специализации сельскохозяйственного производства будет концентрировано и производство посевного материала. Опыт по устройству семеноводческих сельскохозяйственных производственных кооперативов, собранный до сих пор на более хороших почвах, нельзя переносить на хозяйства с песчаными почвами. Культуры, особенно пригодные для размножения посевного материала на песчаных почвах, одновременно имеют решающее значение для сохранения и увеличения плодородия почв. Это особое значение следует принимать во внимание при будущей организации размножения посевного материала. Концентрация этих культур в хозяйствах с песчаными почвами может быть достигнута при помощи перемещения этих специфических для песчаных почв культур с лучших почв на песчаные почвы. Следовало бы размножать посевной материал в первую очередь в хозяйствах с песчаными почвами внутри сплошных областей с песчаными почвами с небольшим количеством лугов и пастбищ или с малоурожайными кормовыми угодиями независимо от того, будет ли достигнут характер семеноводческого сельскохозяйственного производственного кооператива в настоящем смысле. Концентрация ни в коем случае не должна быть доведена до того, что вследствие этого в будущем рентабельность хозяйств с песчаными почвами, больше не размножающих посевного материала, была сомнительна.

SUMMARY

Within the specialization of the agricultural production the seed production will also be concentrated. The hitherto experiences on the establishment of seed production cooperatives, which have been gained on better soils, cannot be applied to sandy soils. Crops particularly suited for the seed multiplication on sandy soils contribute simultaneously to maintaining and increasing the soil fertility. This important factor must be taken into account in the future organisation of the seed multiplication. A concentration of these crops in sandy areas will be possible when crops growing on better soils but being particularly suited for sandy soils are brought to sandy soils. Seed multiplication should primarily be practiced within close sandy regions with little grassland resp. little productive grassland, no matter whether a seed production cooperative shows the character intended. The concentration may not be thus that the profitableness of farms on sandy soils multiplicating no seeds any more is seriously doubted.

LITERATURVERZEICHNIS

[1] HENNING, H.: Der Schafschwingelsamenbau in der Griesen Gegend Mecklenburgs unter besonderer Berücksichtigung der unterschiedlichen Wurzelentwicklung der Herbst- und Frühjahrsaussaat. Wiss. Z. Univ. Rostock, math.-naturwiss. R. 1952/53, **2**

[2] JANNERMANN, G.: Probleme der Bewirtschaftung von Sandbodenbetrieben unter sozialistischen Produktionsverhältnissen. Wiss. Abh. Dt. Akad. Landwirtsch.-Wiss. Berlin 1961, **51**

[3] KLOSS u. a.: Anleitungen zur Entwicklung von LPG zu speziellen Saatbaubetrieben. Herausgegeben vom Ministerium für Land- und Forstwirtschaft — Agrarpropaganda — 1958

[4] PETERSEN, A.: Bodenschätzung, Rohertragsbonitierung und Meliorationsbonitierung. Sitz.-Ber. Dt. Akad. Landwirtsch.-Wiss. Berlin 1956, **5**, H. 28

[5] RAUHE, K., und I. LEHNE: Durch tiefere Bodenbearbeitung und Tiefendüngung zu höheren Erträgen auf leichten Böden. Herausgegeben von der Landwirtschaftsausstellung der DDR. 1959, Leipzig

[6] RÜBENSAM, E.: Die Standortverteilung der landwirtschaftlichen Produktion. 1960, Berlin

[7] Statistisches Jahrbuch der DDR 1958

[8] STREUBER, G., und H. GÄDE: Hinweise zur Einrichtung von Saatbau-LPG im Bezirk Rostock. Herausgegeben vom Rat des Bezirkes Rostock — Agrarpropaganda — 1960

[9] STREUBER, G.: Die Nettobodenproduktion typischer Sandbodenbetriebe und Möglichkeiten zu ihrer Steigerung durch standortgerechte Bewirtschaftung. 1959, Diss. Univ. Rostock

[10] Probleme der Bewirtschaftung von Sandböden. Vorträge der wissenschaftlichen Arbeitstagung am 26. und 27. September 1957 im Institut für Acker- und Pflanzenbau Müncheberg der Deutschen Akademie der Landwirtschaftswissenschaften zu Berlin. Tag.-Ber. Dt. Akad. Landwirtsch.-Wiss. Berlin 1958, **14**

H. HENNING[1]

Verbesserungsmöglichkeiten der Eigenwirtschaftlichkeit von Sandbodenbetrieben durch Meliorationen

Über die Notwendigkeit der Förderung von Sandbodenbetrieben für die Agrarproduktion bestehen unter unseren Verhältnissen keine Zweifel. Einerseits zwingt uns die relativ geringe landwirtschaftliche Nutzfläche von 0,38 ha LN je Kopf [16] zur Ausnutzung aller landwirtschaftlich nutzbaren Böden für die landwirtschaftliche Produktion, und andererseits haben wir die Aufgabe, als Beitrag zur Lösung der Ziele des Siebenjahrplanes die landwirtschaftliche Nutzfläche zu erhalten, zu vergrößern und vor allen Dingen in ihrer Ertragsfähigkeit zu steigern. Auf die dringende Notwendigkeit der Verbesserung der Produktionsgrundlagen von Sandbodenbetrieben und auf verschiedene Möglichkeiten zur Erreichung höherer Produktionsleistungen hat PETERSEN [11, 12] schon seit Jahren in Wort und Schrift ausdrücklich hingewiesen.

Die Verbesserung der Sandböden ist eng verknüpft mit der Frage nach der Eigenwirtschaftlichkeit von Sandbodenbetrieben und damit auch mit der Frage nach dem Wert der AE. Es ist bekannt, daß Betriebe auf Böden mit geringer Ertragsfähigkeit im Durchschnitt wesentlich geringere Beträge je AE erarbeitet haben als unter besseren Produktionsbedingungen. Die Ergebnisse der Analysen [5, 2] aus Jahresabschlußberichten kennzeichnen die derzeitige Lage der untersuchten Sandbodenbetriebe. Nicht nur der Auszahlungsbetrag je AE von 29% [2] des durchschnittlichen Auszahlungsbetrages der Betriebe mit guten Böden weist auf die Notwendigkeit hin, die Sandbodenbetriebe in kürzester Zeit wirtschaftlich zu stärken, sondern in noch stärkerem Maße ihr unbefriedigendes Entwicklungstempo.

Dieses kann durch verschiedene planerische und wirtschaftliche Maßnahmen entscheidend gefördert werden, z. B. durch Anbauvergünstigungen bei der Vermehrung von Fruchtarten, für die Sandböden eine spezifische Ertragsfähigkeit zeigen, auch wenn der Vermehrungsfaktor geringer als auf besseren Böden sein sollte [17]. Desgleichen wird die Entwicklung von nicht standortgebundenen Produktionszweigen, wie Geflügelintensivhaltungen, Schweinemästereien u. a.,

---

[1] Dr. Horst HENNING
Wissenschaftlicher Oberassistent des Institutes für Meliorationswesen der Universität Rostock

dazu beitragen, das Einkommen der Genossenschaften zu erhöhen und eventuell Arbeitskräfte zurückzugewinnen, die sich inzwischen andere Arbeit außerhalb der Gemeinde gesucht haben. Durch Kooperation oder Zusammenschluß von Genossenschaften mit leichten und schweren Böden kann ein Abschwächen der Arbeitsspitzen, eine bessere Auslastung der Maschinen u. a. mehr erreicht werden. Außerdem wird durch zweckentsprechende Planauflagen unter Ausnutzung des Zweipreissystems (RÜBENSAM, 14) die Arbeitsfreudigkeit und Arbeitsmoral so zu verbessern sein, wie sie für eine schnelle Entwicklung der zurückgebliebenen Sandbodenbetriebe notwendig ist.

Meliorationen als Grundlage einer nachhaltigen Eigenwirtschaftlichkeit

Zur Zeit kann der geringe Naturalertrag von Sandbodenbetrieben noch durch Maßnahmen der differenzierten Veranlagung teilweise finanziell ausgeglichen werden. (Der psychologische Einfluß niedriger Erträge auf die Arbeitsmoral wird dadurch aber nur wenig abgeschwächt.) Bei Ablösung des Zweipreissystems durch das Einpreissystem wird die Eigenwirtschaftlichkeit weitgehend vom Naturalertrag bestimmt. Deshalb kommt es darauf an, die Produktionsgrundlagen grundlegend zu verbessern.

Bei der Erschließung der örtlichen Produktionsreserven nehmen die Meliorationen eine gewichtige Rolle ein. Die Meliorationen in Sandbodenbetrieben, die zu einer Verbesserung des Leistungspotentials der Sandäcker führen, lassen sich in direkte und indirekte Meliorationen gruppieren:

1. Direkte Meliorationen der Sandäcker

a) Meliorative Düngungen in Verbindung mit acker- und pflanzenbaulichen Maßnahmen

Hierzu gehören die periodische allmähliche Vertiefung der Ackerkrume, der Anbau von Zwischenfrüchten, der Anbau ein- und mehrjähriger Futterpflanzen [PETERSEN, 9, 10] einschließlich des Grassamenbaues, eine geregelte Stalldungwirtschaft usw. PETERSEN hat über die Erfolge dieser ackeraufbauenden Methoden der letzten 100 Jahre [9, 10] eingehend berichtet und die Anwendbarkeit der verschiedenen Verfahren herausgestellt. Es sei nur an die beiden Sandbodenpioniere J. v. WULFFEN und SCHULTZ-LUPITZ erinnert, die durch das Studium der Wechselwirkungen zwischen Boden und Pflanzen grundlegend neue Verfahren zur Hebung der Bodenfruchtbarkeit entdeckten.

b) Physikalische Meliorationen

Das meliorative Tiefpflügen mit der Einbringung von sorptivem Material in eine Tiefe von 50 bis 70 cm nach der Methode von EGERSZEGI [1] wird seit einigen Jahren von verschiedenen wissenschaftlichen Instituten der DDR auf die Anwendbarkeit unter unseren Verhältnissen überprüft. Des weiteren verdient die Schrägverkippung von Regensandböden mit einer humosen Krume nach vor-

herigem Anbau von Pflanzen mit großer Wurzelentwicklung und von Pflanzen mit gutem Grünmasseertrag zur Gründüngung größte Beachtung, da sie nicht mit dem kostspieligen Antransport von sorptionsfähigem Material verbunden ist.
Die bisherigen Ergebnisse beider Methoden geben begründete Hoffnungen auf eine breite Anwendbarkeit [13, 18]. Es wird notwendig sein, Großversuche entsprechend den regionalen Gegebenheiten anzulegen, um den ökonomischen Nutzen für die Praxis zu überprüfen.

c) Abwasserverwertung

Erfahrungsgemäß ist zur wirtschaftlichen Anwendung der Klarwasserberegnung eine hohe Bodenkultur Voraussetzung. Die landwirtschaftliche Verwertung der städtischen Abwässer ist nicht unbedingt an diese Voraussetzung gebunden. Die Untersuchungen von SCHWARZ [15] und NEWRZELLA [6] zeigen, daß durch die Abwasserverwertung nicht nur höhere Erträge erzielt werden, sondern auch die Zahl der anbauwürdigen Kulturpflanzen wesentlich erhöht wird. Insbesondere haben sich auf den Regensandböden die Rauh- und Saftfutterpflanzen bei der Abwasserverwertung als sehr ertragreich erwiesen. Da die Futterpflanzen in Sandbodenbetrieben eine Schlüsselstellung einnehmen, ist die Erkenntnis, daß man hinsichtlich des Rauh- und Saftfutterpflanzenanbaues durch die Abwasserverregnung schlechte Regensandböden in gute Mittelböden verwandeln kann, von besonderer volks- und betriebswirtschaftlicher Bedeutung. Sandbodenbetriebe in Stadtnähe könnten durch den Bau von Abwasserverwertungsanlagen und durch entsprechende betriebswirtschaftliche Umstellungen in kurzer Zeit saniert und wirtschaftlich gefestigt werden. Vorzugsweise sollten hierbei Sandbodenbetriebe mit einem relativ geringen Grünlandanteil Berücksichtigung finden. Von NEWRZELLA werden aus Gründen der ständigen Abwasserabnahme mindestens 20% Grünland gefordert. Durch Anlage von „Abwassergrünland“ könnte ein geringerer Grünlandanteil kompensiert werden.
Die Entfernung vom Abwassererzeuger zum Verwertungsgebiet sollte nur eine untergeordnete Rolle spielen. Die erhöhten Investitionskosten eines längeren Zuleiters sind volkswirtschaftlich gerechtfertigter als die Abwasserverwertung auf schweren Böden — ganz abgesehen davon, daß die ständige Abnahme des Abwassers auf leichten grundwasserfernen Böden reibungsloser vonstatten geht.

d) Windschutzpflanzungen

Der Wasserhaushalt und das Gefüge der Regensandböden werden namentlich bei den Herbst- und Frühjahrswinden in windgefährdeten Gebieten stark angegriffen. Die meliorative Landschaftsgestaltung wird hier vorzugsweise ihr Arbeitsgebiet suchen müssen, um die Böden vor weiteren Winderosionen durch die Ergänzung der Heckenrelikte oder durch neue Hecken zu schützen.

e) Melioration der Grundwassersandböden

Grundwassersandböden zeichnen sich durch ihre spezifische Ertragsfähigkeit für Hackfrüchte und insbesondere für Saft- und Rauhfutterpflanzen aus und sind deshalb besonders wertvoll für die Bewirtschaftung von Betrieben mit großem Anteil an Regensandböden. Kennzeichnend ist für den überwiegenden Teil der Grundwassersandböden das engmaschige Binnengrabennetz. Bei der bäuerlichen Bewirtschaftung waren die Grabenabstände von 20, 30 oder 50 m nicht weiter hinderlich; jetzt hingegen behindern sie den komplexen Maschineneinsatz außerordentlich bzw. machen ihn unmöglich. Durch größere, zusammenhängende Flächen wird man Abhilfe schaffen müssen, um diese bei ordnungsmäßiger Bewirtschaftung und ausreichender Düngung ertragreichen Sandböden als Ackerland zu erhalten. Es muß aber gleichzeitig gefordert werden, daß nicht durch rigorose Entwässerungsmaßnahmen die guten Grundwassersandböden in schlechte Regensandböden verwandelt werden. Den besten Erfolg verspricht die Wasserregelung durch Schöpfwerksbetrieb.

2. Indirekte Meliorationen der Regensandböden

Die Bewirtschaftung der Regensandböden ist von einem Anteil an besseren, futterwüchsigen Böden bzw. einem Grünlandanteil abhängig. Den Begriff „abhängige Böden" im Sinne J. G. KOPPES erläuterte PETERSEN (11, S. 6) und faßt darunter alle nicht futterwüchsigen Böden zusammen. Die Abhängigkeit zu dem futterwüchsigen Land besteht aber selbstverständlich nicht zu einer Fläche in % der LN, sondern zu der Ertragsleistung des futterwüchsigen Ackerlandes bzw. des Grünlandes. Maßgebend ist die Futterbasis für einen RGV-Besatz, der notwendig ist, um auf den abhängigen Böden eine geregelte Humuswirtschaft zu betreiben. 25% Grünland der LN können zur Heuversorgung und zum ganzsommerlichen Weidegang eines guten leistungsfähigen Rindviehbesatzes ausreichen, wenn die Weiden und Wiesen gute Erträge liefern. Der gleiche Grünlandanteil kann andererseits bei schlechten Erträgen vollkommen unzureichend sein und die Wirtschaftlichkeit der Sandbodenbetriebe vollkommen in Frage stellen. In der Tabelle 1 ist versucht worden, den notwendigen Weidebedarf für 30, 40, 50 Kühe mit der erforderlichen Nachzucht je 100 ha LN bei unterschiedlichen Weideerträgen darzustellen. Bei der Errechnung der Nachzucht wurde ein fünfjähriger Umtrieb zugrunde gelegt. Schafe, Pferde und Zuchtschweine wurden wegen des stark wechselnden Besatzes nicht mit aufgenommen; die hierfür jeweils notwendige Weidefläche muß noch hinzuaddiert werden.

Die Weideleistung wird mit der durchschnittlichen Besatzstärke in GV/ha Weide gekennzeichnet. Vergleichsweise ist dazu noch der Heuertrag in dt/ha angegeben worden. Grundlage für die Heuertragsschätzung der Weiden ist die von PETERSEN entwickelte „Neue Rostocker Grünlandschätzung" [8].

Aus der Tabelle ist ohne weiteres die große Ertragsabhängigkeit des erforderlichen Weideanteils ersichtlich. Bei 2 GV/ha Weide und einem Besatz von 30 Kühen mit Nachzucht sind bei ganzsommerlichem Weidegang schon 21% Weiden der LN notwendig, bei sehr guten Weiden mit einer möglichen Besatzstärke von 4 GV/ha bei gleichem Viehbesatz lediglich noch 11%. Andererseits vermittelt die Tabelle auch ein Bild über die Aufstockungsmöglichkeiten der Viehbestände nach der Melioration von ertragarmen Weiden.

TABELLE 1

Weidebedarf in % der LN bei unterschiedlichem Weideertrag und Rindviehbesatz (5jähriger Umtrieb)

Weidebesatz GV Rind/ha Weide	Weideertrag (Heuwert) dt/ha	ha Weide je GV Rind	GV-Rind-Besatz je 100 ha LN			Weidebedarf in % der LN
			Kühe	Nachzucht	insgesamt	
2 GV/ha	50	0,5	30	12	42	21
2 GV/ha	50	0,5	40	16	56	28
2 GV/ha	50	0,5	50	20	70	35
2,5 GV/ha	62	0,4	30	12	42	17
2,5 GV/ha	62	0,4	40	16	56	22
2,5 GV/ha	62	0,4	50	20	70	28
3 GV/ha	75	0,33	30	12	42	14
3 GV/ha	75	0,33	40	16	56	19
3 GV/ha	75	0,33	50	20	70	23
4 GV/ha	100	0,25	30	12	42	11
4 GV/ha	100	0,25	40	16	56	14
4 GV/ha	100	0,25	50	20	70	18
5 GV/ha	125	0,2	30	12	42	8
5 GV/ha	125	0,2	40	16	56	11
5 GV/ha	125	0,2	50	20	70	14

Ein weiteres Problem stellt auf Sandbodenbetrieben die Versorgung der Rinder mit gutem Heu als Grundlage in der Winterfütterung dar. In Tabelle 2 ist der Wiesenbedarf in % der LN bei den gleichen Besatzverhältnissen wie in Tabelle 1 zusammengefaßt. Als Ertragsstufen wurden 30, 40, 50, 60 und 70 dt/ha „normal gutes Heu" gewählt. Je GV Rind und Jahr wurden einheitlich 10 dt Heu zugrunde gelegt. Unterstellt wurde weiterhin, daß kein wesentlicher Anteil des Heubedarfes vom Ackerland bzw. von den Weiden gewonnen wird.

Ein Heuertrag von beispielsweise 60 dt/ha und 56 GV Rind erfordern nur 9% Wiesen der LN, ein Ertrag von 40 dt/ha bei gleichem Viehbesatz hingegen schon 14% und ein Ertrag von 30 dt/ha 19%.

In der Tabelle 3 sind die verschiedenen Ergebnisse der Tabellen 1 und 2 kombiniert. Aus dem Rahmen ist also der erforderliche Grünlandanteil in % der LN je nach den Wiesen- und Weideerträgen und dem Rindviehbesatz ersichtlich. So sind z. B. bei einem Weideertrag von 50 dt/ha und einem Wiesenertrag von 40 dt/ha und 56 GV Rind (= 40 Kühe plus Nachzucht) 42% Grünland der LN zur Sicherung des ganzsommerlichen Weideganges und der Mindestheumenge zur Winterfütterung notwendig. Bei ertragreicherem Grünland (75 dt/ha Weide und 60 dt/ha Wiese) wäre der Bedarf schon mit 28% der LN gedeckt.

Selbstverständlich sinkt der notwendige Grünlandanteil — insbesondere der Wiesenanteil — mit zunehmendem Anteil an futterwüchsigem Ackerland. Die

TABELLE 2

Wiesenbedarf in % der LN

(bei ganzsommerlichem Weidegang)

Wiesenertrag dt/ha	dt Heu je GV Rind/Jahr	Rind-Besatz in GV	Wiesenbedarf % LN
30	10	42	14
30	10	56	19
30	10	70	23
40	10	42	11
40	10	56	14
40	10	70	18
50	10	42	8
50	10	56	11
50	10	70	14
60	10	42	7
60	10	56	9
60	10	70	12
70	10	42	6
70	10	56	8
70	10	70	10

TABELLE 3

Grünlandbedarf in % der LN auf Betrieben mit abhängigen Böden bei verschiedenen Grünlanderträgen und Rindviehbeständen (5jähriger Umtrieb)

Wiesenertrag dt Heu/ha		30 dt/ha	40 dt/ha	50 dt/ha	60 dt/ha	70 dt/ha
Weideertrag dt Heuwert/ha	GV Rind/ 100 ha LN	42 56 70	42 56 70	42 56 70	42 56 70	42 56 70
50 dt/ha (2 GV/ha Weide)	42	35 — —	32 — —	29 — —	28 — —	27 — —
	56	— 47 —	— 42 —	— 39 —	— 37 —	— 36 —
	70	— — 58	— — 53	— — 49	— — 47	— — 45
62 dt/ha (2½ GV/ha Weide)	42	31 — —	28 — —	25 — —	24 — —	23 — —
	56	— 41 —	— 36 —	— 33 —	— 31 —	— 36 —
	70	— — 51	— — 46	— — 42	— — 40	— — 38
75 dt/ha (3 GV/ha Weide)	42	28 — —	25 — —	22 — —	21 — —	20 — —
	56	— 38 —	— 33 —	— 30 —	— 28 —	— 27 —
	70	— — 46	— — 41	— — 37	— — 35	— — 33
100 dt/ha (4 GV/ha Weide)	42	25 — —	22 — —	19 — —	18 — —	17 — —
	56	— 33 —	— 28 —	— 25 —	— 23 —	— 22 —
	70	— — 41	— — 36	— — 32	— — 30	— — 28
125 dt/ha (5 GV/ha Weide)	42	22 — —	19 — —	16 — —	15 — —	14 — —
	56	— 30 —	— 25 —	— 22 —	— 20 —	— 19 —
	70	— — 37	— — 32	— — 28	— — 26	— — 24

auf dem Ackerland gewonnenen Rauhfuttermengen müssen bei der Errechnung des Wiesenanteils in Ansatz gebracht werden; das gleiche gilt sinngemäß für das Zufutter während der Weidezeit zur Erhöhung der durchschnittlichen Besatzstärke.

JANNERMANN [5] hat die Sandböden nach ihrem Schwierigkeitsgrad in der Bewirtschaftung in 4 Gruppen unterteilt. Danach liegen ca. die Hälfte aller Sandäcker in Gemeinden mit vorwiegend besseren Böden. Das Problem der indirekten Melioration der Sandböden tritt hier praktisch nicht auf, da die Futter- und Humusversorgung über die verschiedensten betriebsorganisatorischen Maßnahmen gesichert werden kann.

Bei der anderen Hälfte hingegen spielt die Grünlandmelioration als indirekte Verbesserung der Sandböden eine entscheidende Rolle. Besonders dringlich ist die Grünlandmelioration in den Sandbodenbetrieben mit einem Grünlandanteil unter 25 bis 30% der LN, um den Betrieben die Basis für eine geordnete Humuswirtschaft und eine sichere Einnahmequelle aus der Rindviehhaltung zu geben. Das gleiche gilt sinngemäß auch für die dritte von JANNERMANN herausgestellte Gruppe. Aus der Tabelle 3 geht hervor, daß schon bei mittleren Erträgen von 50 dt/ha ca. 40% Grünland der LN für 52 GV Rind vorhanden sein müssen. Durch geeignete Meliorationsverfahren läßt sich der erforderliche Grünlandanteil bedeutend senken bzw. die Leistung und der GV-Besatz erhöhen. Die als indirekte Sandbodenmeliorationen bezeichneten Grünlandmeliorationen wirken demnach doppelt auf die wirtschaftliche Entwicklung der Sandbodenbetriebe, und zwar erstens über die höheren und sicheren Einnahmen aus der Viehwirtschaft und zweitens über die Hebung der Bodenfruchtbarkeit der Regensandböden.

Meliorationsplanung

Mit einer zielgerichteten Meliorationsplanung können verschiedene Verbesserungen der Produktionsgrundlagen von Sandbodenbetrieben kurzfristig eingeleitet werden. Insbesondere sei hierbei an die oben als dringlich angeführten Grünlandmeliorationen und an die Verwertung des städtischen Abwassers gedacht.

In den letzten drei von JANNERMANN [5] herausgestellten Schwierigkeitsgruppen sind insgesamt ca. 270000 ha Grünland [19] vorhanden, und zwar in der

II. Gruppe ca. 135000 ha Grünland,
III. Gruppe ca. 120000 ha Grünland,
IV. Gruppe ca. 15000 ha Grünland.

Unterstellt man, daß ca. die Hälfte dieses Grünlandes meliorationsbedürftig ist, so sind in der IV. und III. Gruppe ca. 70000 ha vordringlich zu meliorieren. M. E. sollte auch das meliorationsbedürftige Grünland der II. Gruppe baldmöglichst melioriert werden, da ein leistungsfähiges Grünland beim Zusammenschluß von LPG mit leichten und besseren Böden entscheidend sein kann. Bis zu dem Zusammenschluß spielt das Grünland der II. Gruppe selbstverständlich die gleiche Rolle für den Betrieb wie in den Gruppen III und IV. Da die Melioration des

Grünlandes im Siebenjahrplan verankert ist, wird es lediglich eine Aufgabe der planenden Institutionen sein, die Projektierung und Bauausführung auf die meliorationsbedürftigen Grünländereien von Sandbodenbetrieben zu lenken. Hinsichtlich der Abwasserverwertung werden noch industrielle Reserven für die Produktion von Beregnungsanlagen erschlossen werden müssen, um im größerem Maße als vorgesehen Regensandböden mit Abwasser zu versorgen.
Mit der Planung von Komplexmeliorationen (OLBERTZ, 7) sind gleichzeitig auch Maßnahmen einzuleiten, die die folgerichtige Ausnutzung und Unterhaltung der Investitionsanlagen gewährleisten. Nur durch das gleichzeitige Wirksamwerden der Meliorationsanlagen und der eventuell notwendig werdenden Betriebsumorganisation wie auch der Folgemaßnahmen und Folgeinvestitionen wird der Meliorationserfolg garantiert. Besondere Bedeutung haben bei der Grünlandmelioration die Einrichtung von Weidekombinaten [12], der Wege- und Triftbau, die Anschaffung von Maschinen zur Bewirtschaftung der meliorierten Flächen und zur Instandhaltung der Meliorationsanlagen. Den wichtigsten Hebel für die Ausnutzung der Meliorationsanlagen und für das Zustandekommen des Meliorationserfolges stellen schließlich und endlich die fachkundige Beratung vor, während und nach der Melioration und die Ausbildung von Kadern, wie Grünlandmeister, Beregnungsmeister und Meliorationsmeister, dar.
Eine wesentliche Unterstützung müssen die Sandbodenbetriebe durch die Planung der Finanzierung von Meliorationsanlagen erfahren, damit sie in dem Tilgungszeitraum nicht überfordert werden. Durchschnittlich werden die Binnenmeliorationen zu 60% mit staatlichen Zuschüssen und zu 40% mit Krediten und Eigenleistungen finanziert (20). Durch Differenzierung nach den verschiedenen Bedingungen kann das Verhältnis 60:40 verändert werden. Ausschlaggebend für die Höhe der staatlichen Zuschüsse sollten insbesondere sein:

1. die wirtschaftlichen und natürlichen Produktionsbedingungen der Betriebe (incl. der Naturalerträge)
2. die Meliorationsflächen in % der LN (bzw. die Grünlandmeliorationsflächen in % des Grünlandes usw.)
3. die Kreditbelastung je ha LN (einschließlich der im Zuge der Melioration notwendigen Kredite für Folgemaßnahmen und Folgeinvestitionen)
4. der zu erwartende Meliorationserfolg
5. die Meliorationskosten je ha Meliorationsfläche

Unter Berücksichtigung dieser Gesichtspunkte wird es auf Bezirksebene möglich sein, die staatlichen Zuschüsse entwicklungsfördernd zu differenzieren. Durch großzügige materielle und finanzielle Unterstützungen bei Meliorationen können die Produktionsgrundlagen von vielen Sandbodenbetrieben grundlegend und nachhaltig verbessert werden.

ZUSAMMENFASSUNG

Die Bodenmeliorationen haben auf die nachhaltige Verbesserung der Eigenwirtschaftlichkeit der Sandbodenbetriebe einen großen Einfluß.

Die Sandbodenmeliorationen werden in direkte und indirekte unterteilt. Zu den direkten Sandbodenmeliorationen zählen alle diejenigen Verfahren, die auf den Sandäckern selbst vorgenommen werden; als indirekte hingegen werden die Grünlandmeliorationen in Sandbodenbetrieben dargestellt, da sie nicht unmittelbar, sondern mittelbar über die verbesserte Vieh- und Humuswirtschaft eine Verbesserung der Sandäcker erwirken.

Die Eigenwirtschaftlichkeit der Sandbodenbetriebe kann weiterhin über eine zielgerichtete Meliorationsplanung gehoben werden, und zwar insbesondere durch die vordringliche Melioration der Grünländereien, durch den Bau von Abwasserversorgungsanlagen und durch eine begünstigte Differenzierung der staatlichen Zuschüsse bei Meliorationsvorhaben.

РЕЗЮМЕ

Почвенные мелиорации оказывают большое влияние на продолжительное улучшение рентабельности хозяйств на песчаных почвах.

Мелиорации песчаных почв подразделяются в прямые и косвенные. К прямым мелиорациям песчаных почв принадлежат все те способа, которые производятся на самих песчаных полях; косвенными являются мелиорации лугов и пастбищ в хозяйствах на песчаных почвах, так как они посредственно через улучшенное скотоводство и гумусное хозяйство вызывают улучшение песчаных полей.

Рентабельность хозяйств на песчаных почвах кроме того можно повысить при помощи целеустремленной планировки мелиорации и, в особенности, первоочередной мелиорации кормовых угодий, строительства установок для снабжения сточными водами и благоприятствующей дифференциации государственных субсидий на мелиорационные проекты.

SUMMARY

The sustained improvement of the self-profibableness of farms on sandy soils is greatly affected by soil ameliorations.

Ameliorations of sandy soils are divided into direct and indirect ones. The direct ameliorations of sandy soils include all those methods which are carried out on the sandy field itself; the indirect ones comprise grassland ameliorations on sandy soils, because they do not improve sandy fields directly but indirectly by an improved livestock and humus husbandry.

The self-profitableness of farms on sandy soils may be increased further by a systematic amelioration planning, especially by the urgent amelioration of grasslands, by erecting sewage supply plants and by a favoured differentiation of subsidies for amelioration projects.

LITERATURVERZEICHNIS

[1] EGERSZEGI, S.: Die grundlegende Verbesserung der lockeren Sandböden. Internat. Z. Landwirtsch. 1957, H. 1, 67—95

[2] ELVERT, G., MATZ, R., und D. SCHILLING: Zur ökonomischen Bewertung des Einflusses der natürlichen Standorte in der Landwirtschaft. Z. Agrarökonomik 1960, Sonderreihe, H. 1, 100—130

[3] HENNING, H.: Der Schafschwingelsamenbau in der Griesen Gegend Mecklenburgs unter besonderer Berücksichtigung der unterschiedlichen Wurzelentwicklung der Herbst- und Frühjahrsansaat. Wiss. Z. Univ. Rostock, math.-naturwiss. R. 1953, **2**, 263—296

[4] HENNING, H.: Beitrag zur Meliorationsplanung. Wasserwirtsch.-Wassertechn. 1959, **9**, 52—58

[5] JANNERMANN, G.: Probleme der Bewirtschaftung von Sandbodenbetrieben unter sozialistischen Produktionsverhältnissen. Wiss. Abh. Dt. Akad. Landwirtsch.-Wiss. Berlin 1961, **51**

[6] NEWRZELLA, B.: Betriebswirtschaftliche Gesichtspunkte bei der Abwasserplanung. Neue Erfahrungen in der landwirtschaftlichen Abwasserverwertung. 1955, Berlin, Dt. Bauernverl.

[7] OLBERTZ, M. H.: Über die wissenschaftlichen Grundlagen der Bodenmeliorationslehre. Wiss. Z. Univ. Rostock, math.-naturwiss. R. 1957, **7**, 473—480

[8] PETERSEN, A.: Die neue Rostocker Grünlandschätzung. 1952, Berlin, Akad.-Verl.

[9] PETERSEN, A.: Schultz-Lupitz und sein Vermächtnis. 1954, Berlin, Akad.-Verl.

[10] PETERSEN, A.: Programmatische Ausführungen über eine erweiterte Anwendung des Kleegrassystems und des sideralen Systems. 1955, Berlin, Akad.-Verl.

[11] PETERSEN, A.: Bodenschätzung, Rohertragsbonitierung und Meliorationsbonitierung. Sitz.-Ber. Dt. Akad, Landwirtsch.-Wiss. Berlin 1956, **5**, H. 28

[12] PETERSEN, A.: Zur Ertragssteigerung auf dem Grünland. Herausgegeben vom Ministerium für Land- und Forstwirtschaft 1959

[13] RAUHE, K.: Nachhaltige Verbesserung der Ertragsfähigkeit leichter Böden durch Tiefenbearbeitungs- und Düngungsmaßnahmen. Dt. Landwirtsch. 1959, **10**, 537—542

[14] RÜBENSAM, E.: Die Standortverteilung der landwirtschaftlichen Produktion. 1959, Berlin, Dt. Bauernverl,

[15] SCHWARZ, K.: Entwicklung, Stand und Verbesserungsmöglichkeiten der Abwasserlandbehandlung in Deutschland unter besonderer Berücksichtigung der weiträumigen Verwertungsanlagen. Wiss. Abh. Dt. Akad. Landwirtsch.-Wiss. Berlin, 1960, **45**

[16] Statistisches Jahrbuch der DDR 1959

[17] STREUBER, G.: Zur Organisation der Saatenvermehrung auf Sandböden unter Berücksichtigung von Erfahrungen bei der Bildung von Saatbau-LPG. Wiss. Abh. Dt. Akad. Landwirtsch.-Wiss. Berlin 1961, **51**

[18] Unveröffentlichte Versuchsergebnisse des Instituts für Meliorationswesen der Universität Rostock

[19] Unveröffentlichte Unterlagen des Instituts der Landwirtschaftlichen Betriebslehre der Universität Rostock

[20] Anordnung über die Finanzierung von Meliorationen vom 20. 4. 1957. Gesetzbl. DDR, Teil I, 1957, Nr. 33

H.-O. HEIN[1]

Probleme der Bewirtschaftung leichter Böden vom Standpunkt der landwirtschaftlichen Mechanisationstechnologie (unter Berücksichtigung der notwendigen Industrialisierung der sozialistischen Landwirtschaft

Die landwirtschaftliche Mechanisationstechnologie als Forschungs- und Lehrgebiet zur Erarbeitung sowohl ökonomisch wie technologisch günstigster Konzeptionen der Mechanisierung der landwirtschaftlichen Produktion ist eine sehr junge Wissenschaft. Eine ihrer ersten und vordringlichsten Aufgaben besteht in der Herausarbeitung von methodologischen Gesichtspunkten und Systemen zur wissenschaftlichen Klärung der sich aus einer fortschreitenden Mechanisierung der landwirtschaftlichen Produktion ergebenden besonderen Probleme. Die volle Entfaltung dieses für die weitere planmäßige Entwicklung der sozialistischen Landwirtschaft neuen Forschungs- und Lehrgebietes wird sehr erschwert durch das noch unzureichende Verständnis für die besonderen Belange einer rationellen Mechanisierung in der Landwirtschaft. Um so dringender ist es, die Rolle der Mechanisierung im Hinblick auf alle Entscheidungen über die optimale Gestaltung und Organisation der landwirtschaftlichen Produktion herauszustellen.

Allgemeine Bemerkungen zum Einfluß der Technik auf die Bewirtschaftbarkeit der Böden

Alle Vorstellungen und Lehrmeinungen über die zweckmäßigste Bewirtschaftung der Böden waren und sind untrennbar gebunden an die technischen und energetischen Hilfsmittel, die dem Ackerbau zur Verfügung standen oder stehen. Jede grundlegende Veränderung des Potentials der energetischen Mittel führte stets zu einer Modifikation bzw. zu einer Erweiterung des Sortiments der zum Einsatz gelangenden Instrumente und dadurch ebenfalls zu einer oft beachtlichen Verschiebung und spezifischen Festlegung im Sortiment der zum Anbau gelangenden Nutzpflanzen.

Mit Veränderung der energetischen Kräfte und technischen Hilfsmittel wechselten die Ansichten sowohl über die Vor- und Nachteile der einzelnen Nutzpflanzen als auch über die Güte der verschiedenen Standorte des Ackerbaues. Dadurch

[1] Dr. Heinrich-Ortwin HEIN
Leiter der Forschungsstelle für Ökonomik der Landmaschinen-Nutzung und Instandhaltung Krakow am See des Ministeriums für Landwirtschaft, Erfassung und Forstwirtschaft

veränderten sich zwangsläufig die Vorstellungen über die „zweckmäßigste“ Anbautechnik und somit über die Bewirtschaftbarkeit der einzelnen Böden.
Als das entscheidenste Kriterium für die Urteilsbildung galt seit jeher die für den Menschen spürbare „Schwere“ der Bearbeitbarkeit der Böden sowie die „Schwere“ der Aberntung im Verhältnis zu den damit erworbenen Gebrauchsgütern. Diese Grundformel zur Errechnung des ökonomischen Nutzeffektes ließ die „spezifische Ertragsfähigkeit“ der Böden zu keiner Zeit als einen ausschließlich naturwissenschaftlichen Wert in Erscheinung treten. Würde man noch die sich nach Entwicklung der gesellschaftlichen Arbeitsteilung entfaltende Marktwirtschaft mit steigender Bedeutung der Lage des Erzeugungsortes zum Markt in Verbindung mit dem jeweiligen Entwicklungsstand der Verkehrstechnik berücksichtigen und die Rolle der Preise, die der Bevölkerungsdichte oder die der Einführbarkeit der fortgeschrittensten wissenschaftlichen Erkenntnisse unter den Bedingungen der jeweils herrschenden ideologischen Strömungen und bestehenden Besitzverhältnisse mit in Rechnung stellen, so wird die „spezifische Ertragsfähigkeit“ der Böden zu einem vorwiegend ökonomischen Wert.
Von dieser allgemein gültigen Tatsache ausgehend, erhält fast jede Aussage über die zweckmäßigste Bewirtschaftung leichter Böden nur Gültigkeit innerhalb einer bestimmten Zeit und eines bestimmten Raumes.

Einfluß von Zeit und Raum auf die Vorstellungen über die zweckmäßigste Bewirtschaftung der Böden

Sowohl die Zeit als auch der Raum, zu der oder in dem eine Aussage über die zweckmäßigste Bewirtschaftung gemacht werden soll, haben sowohl im weiteren als auch im engeren Sinn Einfluß auf die endgültige Meinungsbildung.
Mit der Zeit im weiteren Sinne sei hier die jeweilige Entwicklungsetappe der menschlichen Gesellschaft gemeint. Unter Zeit im engeren Sinne soll an dieser Stelle die kalendarische Ordnung, also die Bezugnahme auf einzelne Jahreszeiten, gelten.
Mit dem Raum im weiteren Sinne sei der Raum gemeint, der als das staatliche Terrain einer auf bestimmter Entwicklungsstufe stehenden Gesellschaftsordnung gilt. Der Raum im engeren Sinne soll den Raum kennzeichnen, der die unmittelbare örtliche Lage des betreffenden Bodens erfaßt.

Besonderheiten der Zeit

Die Zeit im weiteren Sinne, in der jetzt Aussagen über Probleme und Zweckmäßigkeit der Bewirtschaftung leichter Böden zu machen sind, wird im wesentlichen durch den Stand von Wissenschaft und Technik gekennzeichnet, der zur Vergesellschaftlichung der Produktionsmittel drängte. Das besondere Wesensmerkmal des für die derzeitigen Aussagen zu Grunde zu legenden Standes der Landtechnik liegt in der dominierenden Stellung einer der Vollmechanisierung dienenden Maschinenarbeit mit Hilfe einer generellen Motorisierung und Elektrifizierung.

Aus dieser Charakterisierung der Zeit im weiteren Sinne leiten sich auch für die Bewirtschaftung der leichten Böden eine Reihe wichtiger Ansichten ab. Eine der ökonomisch wichtigsten Entscheidungen, die sich aus der Maschinenarbeit ergab, war die Anpassung der Produktionsverhältnisse an den mit der generellen Einführung von Maschinenarbeit veränderten Charakter der Produktivkräfte. Es handelt sich dabei in erster Instanz um die bewußte Akzeptierung des bereits von Karl MARX formulierten Wirkungsgesetzes angewandter Maschinerie: „Die Maschinerie mit einigen später zu erwähnenden Ausnahmen, funktioniert nur in der Hand unmittelbar vergesellschafteter oder gemeinsamer Arbeit. Der kooperative Charakter des Arbeitsprozesses wird jetzt also durch die Natur der Arbeitsmittel selbst diktierte technische Notwendigkeit.“[1]

Die Wirksamkeit dieses Gesetzes wird in allen Ländern mit einer hoch mechanisierten Landwirtschaft spürbar. Der allgemeine Drang zum Großbetrieb ist dadurch allenthalben unaufhaltsam, dennoch entstehen in Abhängigkeit von der jeweils herrschenden Gesellschaftsordnung Großbetriebe anderen Inhalts.

In den Ländern, in denen die Kräfte der Arbeiterklasse und ihrer Verbündeten noch nicht so weit gewachsen sind, um den Sturz der zum Stand der jeweiligen Produktivkräfte im Widerspruch stehenden Gesellschaftsordnung herbeizuführen, gibt es nur befristete Lösungswege zur Schaffung geeigneter Voraussetzungen für die Maschinenarbeit. Es erscheint dort nur der Großbetrieb als gleiches äußeres Zeichen der generellen Einführung von Maschinenarbeit. Seine Entwicklung beruht nicht nur auf der Liquidierung der großen Zahl auf landwirtschaftlichen Kleinbetrieben wirtschaftender Bauern und der Herstellung neuer widerspruchsvoller Beziehungen der in der Landwirtschaft verbleibenden Produzenten zur Maschinenarbeit, sondern auch auf der Grundlage der widerspruchsvollen kapitalistischen Produktionsweise.

In allen sozialistischen Ländern wird demgegenüber der historisch bedingte Schritt zur Überwindung der mit dem Stand der Produktivkräfte im Widerspruch stehenden Besitzverhältnisse getan. Die Bewirtschafter bislang kleiner Flächen entscheiden sich freiwillig zu der von der Gesellschaft geförderten genossenschaftlichen Bewirtschaftung ihres Besitzes, um der über die Maschinenarbeit notwendig gewordenen gesellschaftlichen Arbeit eine geeignete Basis zu liefern und uneingeschränkt an ihren Vorzügen teilzuhaben. In beiden Fällen entwickelt sich also als äußeres gleiches Erscheinungsbild der Großbetrieb, jedoch jeweils auf einer qualitativ völlig anderen ökonomischen Basis. Das ist insofern von Bedeutung, da, obwohl in beiden Fällen die leichten Böden in neu geordneten Räumen bewirtschaftet werden, ihre Rationalisierung dennoch unter anderen Gesichtspunkten zu erfolgen hat und erfolgen wird.

Die qualitativen Unterschiede in der ökonomischen Basis und damit die qualitativen Unterschiede in den vorherrschenden ideologischen Strömungen führen auch zu bedeutungsvollen qualitativen Unterschieden in der Bewirtschaftung und letzten Endes in der „spezifischen Ertragsfähigkeit“ der leichten Böden.

---

[1] Karl MARX: Das Kapital. Bd. I, S. 404

Es kommt darauf an, sich der falschen Vorstellung zu entledigen, daß die Unterschiede zwischen einem kapitalistischen Großbetrieb und einem sozialistischen Großbetrieb ausschließlich in ihrer unterschiedlichen ökonomischen Basis liegen. Vielmehr ist zu erkennen, daß eben gerade diese unterschiedliche ökonomische Basis die Grundlage einer qualitativ unterschiedlichen Produktionstechnik und Wirtschaftsweise sein muß.

Die qualitativen Unterschiede wirken sich unter anderem darin aus, daß in kapitalistischen Ländern lediglich der einzelne Besitzer in den Grenzen seines Besitzes, ohne sich auf das Interesse der Masse der Produzenten stützen zu können, unter neuen Gesichtspunkten die Bewirtschaftung seines Bodens forcieren kann, dabei aber stets an die anarchistischen risikovollen Marktbedingungen gebunden bleibt.

In der sozialistischen Gesellschaftsordnung steht demgegenüber nicht nur die gesamte Mitgliedschaft der einzelnen Genossenschaft, sondern darüber hinaus die große sozialistische Gemeinschaft hinter jedem Betrieb. Sie bietet ihm nicht nur die Sicherheit für den Absatz einer planmäßig steigenden Produktion, sondern gleichzeitig aktive Hilfeleistung im Falle einer objektiv notwendig werdenden Hebung der Ertragsfähigkeit des Bodens. Damit sichert die sozialistische Gesellschaftsordnung erstmalig eine der entscheidensten Voraussetzungen für die Höherentwicklung einer auf Maschinenarbeit beruhenden Produktionstechnik auch in der Landwirtschaft, und so wie in allen Zweigen der Volkswirtschaft die Maschinenarbeit historisch zur Industrialisierung führt, gilt das auch für die Landwirtschaft.

Ihre Industrialisierung, die nachweislich nur der sozialistischen Gesellschaftsordnung vorbehalten bleibt, liefert auch zur Beantwortung von Fragen der Bewirtschaftung leichter Böden eine ganz spezielle Orientierung.

Die in diesem Jahr abgeschlossene sozialistische Umgestaltung unserer gesamten Landwirtschaft schuf zunächst eine qualitativ höher entwickelte ökonomische Basis für das landwirtschaftliche Produktionsgeschehen. Der endgültige Sieg des Sozialismus auf dem Lande erfordert jedoch unter vollkommener Ausnutzung der qualitativ neuen ökonomischen Basis eine qualitativ höher entwickelte, der Maschinenarbeit bewußt untergeordnete landwirtschaftliche Produktionstechnik. Die Industrialisierung als Folge einer planmäßig vorausgehenden Intensivierung der landwirtschaftlichen Produktion wird zum Symptom der Zeit in unserer sozialistischen Landwirtschaft. Dieses Symptom der Zeit bestimmt maßgeblich den möglichen bzw. nutzbar zu machenden Einfluß des Raumes auf die Bewirtschaftbarkeit der Böden.

Besonderheiten des Raumes

Als Raum im weiteren Sinne ist hier die Deutsche Demokratische Republik zu sehen, die durch die im Hinblick auf die Besitzverhältnisse abgeschlossene sozialistische Umgestaltung völlig neue Einordnungsmöglichkeiten für die leichten Böden bietet und damit Voraussetzungen für deren Intensivierung sowie zur Erhöhung der von ihnen zu erzielenden Einkünfte schafft.

Die von vielen Instituten unter den verschiedensten Gesichtspunkten erarbeiteten „natürlichen Erzeugungsgebiete" bzw. „Produktionsgebiete", Produktionstypen oder Naturtypen können bei dieser Einrichtung der leichten Böden in die zu schaffenden Großbetriebe von großem Nutzen sein. Sie dürfen aber unter keinen Umständen zur Überbetonung der naturwissenschaftlichen Seite der „spezifischen Ertragsfähigkeit" der Böden beitragen. Die Erarbeitung von Vorstellungen über die zweckmäßigste Bewirtschaftung von diesen oder jenen Böden darf also in keinem Fall innerhalb irgendwelcher nach natürlichen Standortbedingungen abgegrenzten Produktionszonen oder Produktionsgebieten erfolgen, sondern muß in den einzelnen Betrieben begonnen werden. Je gründlicher die gegebenen und zu schaffenden Produktionsmöglichkeiten erforscht werden, um so konkreter werden die Vorstellungen über die Zweckmäßigkeit und Art der Paarung des einzelnen Betriebes mit denen seiner näheren und manchmal auch mit Betrieben seiner weiteren Umgebung. Es bilden sich echte ökonomische Produktionsgebiete auf der Grundlage konkreter Kooperationsprogramme; die ca. 2000 bis 5000 ha umfassen und gerade in Gebieten mit unterschiedlichen natürlichen Standortbedingungen das Bestreben zeigen, die Grenzen natürlicher Produktionszonen zu durchkreuzen. Die engeren Kooperationsgebiete bilden nach den einzelnen Betrieben den wichtigsten Planungsbereich. Vor allem bilden sie den Raum, in dem auch die Mechanisierung der Produktion für die einzelnen Betriebe erst ihre endgültige Fassung erhält. Alle darüber hinausgehenden Koordinierungsbestrebungen sollte man in den politischen Grenzen der Kreise und Bezirke regeln. Die Räume, innerhalb derer es die Produktion zu organisieren gilt, ließen sich demzufolge gliedern in

1. einzelne Betriebe,
2. Kooperationsgebiete,
3. Koordinierungsbereiche und
4. Bereiche der regionalen Standortverteilung der Produktion.

Für sie alle gilt das Wesensmerkmal eines Raumes in einer sozialistischen Gesellschaftsordnung, die der optimalen Organisation einer auf Maschinenarbeit beruhenden landwirtschaftlichen Produktion keine Grenzen auferlegt.

In Ergänzung zu den vorausgeschickten Bemerkungen erweist es sich als notwendig, noch näher auf den Raum im engeren Sinne, also auf den Boden einzugehen, auf dessen Bewirtschaftung sich die nachfolgenden Ausführungen speziell beziehen sollen. Mit dem Sammelbegriff „leichter Boden" werden gleichfalls die Böden mit erfaßt, bei denen lediglich die Bearbeitbarkeit noch als „leicht" angesprochen werden kann, die aber im Hinblick auf ihre Ertragsfähigkeit und Reichhaltigkeit der auf ihnen zum Anbau gelangenden Fruchtarten als ausgesprochen gute Böden gelten müssen. Sie liefern für die Mechanisierung die günstigsten Voraussetzungen. Auf sie soll im Nachfolgenden nicht eingegangen werden. Von besonderem Interesse bleibt der große Anteil leichter Böden, die wir in Form der Regensandböden vorfinden. Bei ihnen sind die Anteile besonders zu behandeln, die in größeren Komplexen vorkommen und das Areal eines ganzen Betriebes oder eines ganzen Landschaftsgebietes ausmachen. Ihnen sollen auch die nachfolgenden Bemerkungen gelten. Somit wurden als nächstes jene leichten Böden ausgeklammert, die im Rahmen stark verschießender Bodengebiete als Streuflächen innerhalb der Gemarkung solcher Betriebe auftauchen, die sowohl schwere, mittlere als auch leichtere Böden aufweisen. Die Probleme der Bewirtschaftung der zuletzt genannten Streuflächen unterscheiden sich grundlegend von den Problemen, die uns die Bewirtschaftung der leichten Böden innerhalb großer Komplexe im Bereich ganzer Betriebe auferlegt. Es kommt, wie allgemein so auch hier, bei der Bewirtschaftung leichter Böden vor Bildung einer bestimmten Meinung darauf an, sich auf die spezifische Standortlage und -ausdehnung sowie Ertragsfähigkeit konkret zu beziehen.

Einige Grundsätze der Bewirtschaftung von Böden im Rahmen einer auf Maschinenarbeit beruhenden sozialistischen landwirtschaftlichen Produktion

Die Steigerung des Brutto-Ertrages je Flächeneinheit bei gleichzeitiger Senkung des Aufwandes sowohl an lebendiger als auch an vergegenständlichter Arbeit je Produktionseinheit ist unerlässliche Voraussetzung einer volkswirtschaftlich tragbaren Vollmechanisierung.

Jeder einzelnen Maschine ist dabei in optimaler Weise ein Auslastungsprogramm zu erschließen, das eine Annäherung an die Auslastungswerte der in anderen Industriezweigen eingesetzten Maschinen erkennen läßt. Die Einsatzprogramme müssen, soweit immer nur möglich, ein Fließsystem, also das Taktstraßensystem verwirklichen helfen.

Dem Gleichzeitigkeitsfaktor der Auslastbarkeit aller maschinentechnischen Einrichtungen ist im Rahmen des gesamten Produktionsgeschehens eines sozialistischen Betriebes größte Aufmerksamkeit zu schenken.

Jeder Schritt vorwärts in der Mechanisierung eines Produktionszweiges zwingt zur Beschleunigung des Nutzeffektes der über die Maschinen in der Produktion einfließenden Investitionen. Daraus resultiert der historische Zwang zur Industrialisierung.

Beachtet man unter diesen Gesichtspunkten die Organisation der Betriebe, so läßt sich feststellen, daß zu einseitig spezialisierte Betriebe, das heißt Betriebe mit einem zu engen Sortiment an Fruchtarten und tierischen Produkten, nur wenig Möglichkeiten haben, einer ökonomisch effektvollen Verwertung der Investitionsmittel Rechnung zu tragen und somit einer durchgehenden Industrialisierung nur geringe Möglichkeiten bieten.

Die Besonderheiten der landwirtschaftlichen Produktion zwingen dazu, alle Maßnahmen der Spezialisierung unter dem Gesichtspunkt der notwendigen Industrialisierung in erster Instanz als eine innerbetriebliche Angelegenheit zu betrachten. Die mit fortschreitender Mechanisierung als erster Ausdruck begonnener Industrialisierung deutlich werdende Tendenz zur Konzentration führt zwangsläufig zu neuen Vorstellungen über die zweckmäßigsten Betriebsgrößen, innerhalb derer die einzelnen Produktionsvorhaben zu ausreichend großen Einheiten heranwachsen müssen. Erst in zweiter Instanz ist, ausgehend von der jeweils gegebenen Betriebsgröße, mit Betrieben der näheren Umgebung — soweit sie günstige Ausgleichsmöglichkeiten bieten — die zwischenbetriebliche Spezialisierung, also das Kooperationsprogramm, festzulegen.

Dabei ist stets dafür Sorge zu tragen, daß die Art der aufgenommenen Produktionsprozesse in dem einzelnen Betrieb im Hinblick auf die zeitliche Ordnung der an sie gebundenen Arbeitsabläufe eine möglichst hohe Austauschbarkeit der notwendigen Maschinen von einem Produktionsprozeß zum anderen zuläßt. Derartige Kooperationsprogramme schließen in der Regel einen zwischenbetrieblichen Maschinenausgleich ein. Er sollte auf vertraglicher Grundlage geregelt werden. Dabei kann es zweckmäßig werden, zu intergenossenschaftlichen Maschinenbrigaden, namentlich für Spezialmaschinen, überzugehen.

Neben den stets verbleibenden naturwissenschaftlichen Gesichtspunkten der Betriebsstruktur treten also mit fortschreitender Mechanisierung Gesichtspunkte der maximalen Auslastung von Maschinen mit dem Streben nach ausgeglichener Kontinuität ihrer Belastung in den Vordergrund. Bereits diese elementaren Bestrebungen der Industrialisierung der Landwirtschaft setzen Standorte voraus, die ein vielseitiges harmonisches Gefüge von Produktionsprozessen zulassen. Es unterliegt keinem Zweifel, daß es gerade unsere leichten Böden sind, die diese Vielseitigkeit des Gesamtproduktionsvorhabens eines Betriebes in enge Schranken legen. Daraus ergeben sich unter dem Gesichtspunkt der Industrialisierung der Landwirtschaft gerade für die Bewirtschaftung der leichten Böden eine Reihe besonderer Probleme.

Erstens bewegt uns die Hebung der Ertragsfähigkeit der leichten Böden als Voraussetzung für die Erweiterung des Fruchtartensortiments bei gleichzeitigem Streben nach Erhöhung des Flächenertrages.

Als zweites gilt es, die Tatsache zu berücksichtigen, daß der leichte Boden von sich aus auf Grund der geringen Abhängigkeit aller Bodenbearbeitungsgänge vom Witterungsverlauf besonders günstige Voraussetzungen für eine hohe Kontinuität der Auslastung aller Maschinen bieten könnte.

Die besonderen Probleme der Bewirtschaftung in ausgedehnten Flächen auftretender, gegenwärtig noch ertragsarmer Sandböden

Zur Lösung des ersten und wichtigsten Problems, also zur Hebung der Ertragsfähigkeit leichter Böden, erweisen sich drei Gesichtspunkte als unbedingt beachtenswert.

Ohne Rücksicht auf die graduelle Reihenfolge ließe sich als erster Gesichtspunkt die Lage des leichten Bodens nennen, aus der einmal die Beziehungen zu den Verbraucherzentren und seine räumlichen Beziehungen zu den ihn umgebenden mittleren und schweren Böden sowie zum anderen seine räumlichen Beziehungen zu natürlichen Grünländereien abzuleiten sind.

Als zweiter Gesichtspunkt erweist sich oft die jeweils für ihn zuständige Besiedlungsdichte mit den zu seiner Bewirtschaftung verfügbaren Arbeitskräften als einflußreich.

Für den Mechanisationstechnologen ist jedoch als dritter Gesichtspunkt die spezifische Eignung der zur Zeit entwickelten Maschinen und technischen Einrichtungen für die Bewirtschaftung leichter Böden unter Beachtung des mit ihrer Hilfe steuerbaren Intensivierungsprozesses bei gleichzeitiger Senkung des Aufwandes je Produktionseinheit von größter Bedeutung.

Die Bedeutung der neuen technischen Hilfsmittel

Die Motorisierung und Elektrifizierung der Landwirtschaft haben im Hinblick auf die Bewirtschaftung leichter Böden nicht nur zu einer grundlegenden Verschiebung im energetischen Potential geführt und unter anderem neue Möglichkeiten seiner Tiefenerschließung ausgelöst, sondern auch neue technische Hilfsmittel zur Intensivierung seiner Bewirtschaftung hervorgebracht.

Technische Hilfsmittel des Ackerbaues

Neben der Vervollkommnung der Transporttechnik in Verbindung mit der jetzt auch ackerbaulich anerkannten Tiefpflugkultur verdienen die in jüngster Zeit in ansprechbarer Vollkommenheit entwickelten Bagger und Ladegeräte besondere Beachtung. Mit Hilfe dieser neuen Technik gewinnen altbewährte Verfahren, wie Mergelung, Bemoderung, Torfkompost- und Erdmistbereitung zum Zwecke der Tiefeneinarbeitung u. a. mehr, wieder an Bedeutung. Aus welchen Gründen für die bereits seitens der Fachwissenschaft und auch der Praxis anerkannte Tiefenkultur — trotz Vorhandensein geeigneter motorischer Kräfte — noch nicht entsprechende Tiefenkulturgeräte, wie Rigolpflüge u. a., gebaut werden, ist unverständlich. Es kann sich wohl nur um eine unzureichende Orientierung auf unbedingt notwendig werdende Maßnahmen der Intensivierung in Vorbereitung einer Vollmechanisierung handeln.

Die Schaffung von Arbeitsgeräten zur Tiefenerschließung und zur Hebung der Fruchtbarkeit leichter Böden zählt mit zu den Tagesaufgaben der Bewirtschaftung leichter Böden. Ihre Einbeziehung in planmäßige Meliorationsvorhaben zur Hebung der Ertragsfähigkeit leichter Böden wird trotz der angespannten Arbeitskraftsituation unter kostenmäßig tragbaren Bedingungen wieder möglich. Es erweist sich als dringend notwendig, diese über die derzeitige Technik neu erschließbaren Möglichkeiten zur Hebung der Ertragsfähigkeit leichter Böden in ihrer ganzen Tragweite anzuerkennen und voll wirksam werden zu lassen.

Der große Vorteil des leichten Bodens gegenüber allen anderen liegt in seiner leichten, fast witterungsunabhängigen Bearbeitbarkeit. Dadurch bietet er von sich aus die Möglichkeit einer annähernd ganzjährigen Bewirtschaftung. Darüber hinaus handelt es sich bei ihm um einen ausgesprochen siebfähigen Boden, der für die Erntearbeiter von Hackfrüchten ebenfalls besonders günstige Voraussetzungen zur konstruktiven Lösung der Mechanisierungsvorgänge bietet. Diese eindeutigen Vorteile des leichten Bodens heben unter dem Gesichtspunkt des derzeitigen Standes der Technik seine „spezifische Ertragsfähigkeit“. Sie lassen ihn für einige Hackfrüchte, z. B, für die Kartoffeln, bei deren Ernte die Siebfähigkeit eine der entscheidendsten Voraussetzungen ist, in den Mittelpunkt ganz bestimmter Spezialisierungsbestrebungen treten. Die Schwierigkeiten, die mittlere und insbesondere schwere Böden der Vollmechanisierung der Kartoffelernte entgegensetzen, erweisen sich gegenwärtig als fast unüberwindbar. Es liegt daher der Gedanke nahe, Hackfrüchte, deren Ernte durch eine Bodensiebung bedingt wird, noch extremer auf die leichten Böden abzudrängen.

Dieser Gedanke gewinnt mit zunehmender Vervollkommnung der Kartoffelkombine an Bedeutung. Nach Entwicklung des Vielfachgerätes am Geräteträger und Entwicklung der Legemaschinen wird nunmehr nach Entwicklung der Kombine das letzte und wichtigste Glied in der Kette des vollmechanisierten Kartoffelanbaues geschlossen. Damit würde für den Kartoffelanbau bei dem in der Regel ungünstigen Arbeitskräftebesatz auf leichten Böden eine neue Situation geschaffen. Die in der kapitalistischen Landwirtschaft bis heute übliche Saisonarbeit mit Hilfe von Fremdarbeitern hat einen besseren und unserer Gesellschaftsordnung würdigeren Ersatz gefunden.

Da das gesamte volkswirtschaftlich notwendige Aufkommen an Kartoffeln bei naturwissenschaftlich richtiger Fruchtfolgeregelung von den leichten Böden unter Berücksichtigung der derzeitigen Ertragswerte nicht aufgebracht werden kann, bleibt wiederum zu prüfen, inwieweit sich mit Hilfe von Meliorationsmaßnahmen seine Ertragsfähigkeit so verbessern läßt, daß der Kartoffelanbau unter neuen Gesichtspunkten erfolgt. Die vegetabilen Ertragspotenzen der Kartoffeln würden eine drei- bis vierfache Steigerung der Erträge zulassen. In diese Meliorationsmaßnahmen ist nicht an letzter Stelle die Entsteinung der leichten Böden mit aufzunehmen. Es wäre nicht abwegig, die Entsteinung dort, wo sie sich mit Aussicht auf Erfolg durchführen läßt, an das Ernteverfahren der Kartoffeln zu binden. Auch dafür gilt es noch eine Technik zu entwickeln. Nicht zuletzt ist noch der Mähhäcksler zu nennen, über den die Ausdehnung des Maisanbaues auf leichten Böden überhaupt erst betriebswirtschaftlich tragbar geworden ist. Es gibt also bereits sehr beachtliche Möglichkeiten, mit Hilfe der neuen Technik die Bewirtschaftung des leichten Bodens zu intensivieren. Es verbleibt jedoch als eine der wichtigsten Forderung die Verbesserung ihrer Auslastbarkeit.

Technische Hilfsmittel der Vieh- und Vorratswirtschaft

Neben den technischen Hilfsmitteln des Ackerbaues sind auch die technischen Hilfsmittel der Innenwirtschaft für die Bewirtschaftung leichter Böden beachtenswert. Obwohl eine unmittelbare Beziehung zur Bearbeitung des Bodens fehlt, bestehen doch Beziehungen zur Bewirtschaftung in seiner Gesamtheit. Sie fanden bisher stets ihren Ausdruck darin, daß man dem leichten Boden bevorzugt die Ferkelaufzucht bzw. Geflügelaufzucht und — soweit ausreichend Grünland vorhanden war — die Rinderzucht, also ausgesprochen arbeitsintensive Produktionsvorhaben, zuschrieb. Da nun aber gerade um Betriebe mit leichten Böden in der Regel eine besonders geringe Bevölkerungsdichte zu finden ist und somit gleichfalls in der Regel nur wenig Arbeitskräfte zur Verfügung stehen, kommt es besonders darauf an, in die Bewirtschaftung leichter Böden solche Gebiete der tierischen Produktion mit aufzunehmen, die mit relativ geringem AK/h-Aufwand eine hohe Flächenproduktivität und Intensität je AK ermöglichen. In Anbetracht der Tatsache, daß in der Regel die Rinderhaltung in entscheidendem Maße an den Umfang des vorhandenen Dauergrünlandes und dessen Güte gebunden ist, läßt sich kein allgemeingültiges Rezept dafür geben, ob Jungviehaufzucht oder die Milchviehhaltung zu bevorzugen ist. Wohl aber erweist es sich als notwendig, sehr genau zu prüfen, ob in Betrieben mit vorwiegend leichten Böden und relativ geringem AK-Besatz nicht gerade die Schweinemast auf der einen und die Legehennenhaltung auf der anderen Seite bevorzugt aufgenommen werden sollten. Gerade diese beiden Gebiete der tierischen Produktion haben in jüngster Zeit durch Neuentwicklung bzw. Vervollkommnung bestehender technischer Einrichtungen eine derartige Komplettierung erfahren, daß mit geringstem AK/h-Aufwand höchste Intensitätswerte erreicht werden können. So könnte beispielsweise in der Legehennenhaltung bei ca. 9000 Hennen/AK mit einer Legeleistung von 10 kg Ei jährlich eine Bruttoproduktion/AK von ca. 90000 kg = ca. 350000,— DM erreicht werden. Ein Brutto-DM-Ertrag von ca. $^1/_3$ Mill. im Jahr läßt sich ebenfalls bei Anwendung von Vakuumfütterung in der Schweinemast je AK erreichen. Dabei handelt es sich um Intensitätswerte, die fortgeschrittensten Industriebetrieben um nichts nachstehen. Sie bieten gleichzeitig eine geeignete Voraussetzung, um eine in Etappen durchzuführende Intensivierung der Gesamtbewirtschaftung leichter Böden planmäßig vorantreiben zu können. Die jeder Intensivierung vorzuschießenden Investitionen können mit Hilfe der o. g. Produktionsvorhaben zu einem großen Teil auf der Grundlage einer betriebsinternen Akkumulation aufgebracht werden. Man sollte sich jedoch davor hüten, die Einbeziehung dieser Produktionsvorhaben nur in der Schaffung komplexer Anlagen zu sehen, in welche die genannten Gesamt-Stück-Bestände oder deren Vielfaches aufgenommen werden können. Es zeigt sich vielmehr in unseren sozialistischen Dörfern die Gefahr, daß man Vierteltags- oder Halbtagsbeschäftigten keine Gelegenheit zur Arbeitsaufnahme gibt. Man sollte deshalb bei Nutzung von Altbauten ganz bewußt dafür Sorge tragen, daß derartig intensive Produktionsprozesse im Rahmen einer vertretbaren Dezentralisierung zu Arbeitsplätzen von Vierteltags- und Halbtagsbeschäftigten werden, selbst wenn dadurch eine nicht ganz so hohe Arbeitsproduktivität erzielt wird. Somit erreicht man, daß in zweifacher Weise die Arbeitskräftesituation zur Bewirtschaftung leichter Böden verbessert wird. Erstens wird die Arbeitsintensität einer einzelnen AK bedeutend gehoben und damit der Durchschnitt der Arbeitsintensität aller zur Bewirtschaftung leichter Böden eingesetzten AK gesteigert. Zweitens werden für die Bewirtschaftung leichter Böden durch Einbeziehung von Viertel- oder Halbtagsbeschäftigten, also durch Einbeziehung von Rentnern und Frauen, zusätzliche AK gewonnen.

Unter diesem Gesichtspunkt könnten noch weitere Möglichkeiten genannt werden, die mit Hilfe besonders effektvoll technischer Einrichtungen der Innenwirtschaft zu einer Verschiebung der Vorstellungen über die zweckmäßigste Standortverteilung der Produktion und damit über die zweckmäßigste Bewirtschaftung leichter Böden führen können. An dieser Stelle mögen jedoch die genannten

Möglichkeiten genügen. Mit ihnen sollte lediglich die Aufmerksamkeit darauf gelenkt werden, daß es bei der Bewirtschaftung leichter Böden nicht nur auf die Feldwirtschaft, sondern auch auf die Viehwirtschaft ankommt, die zu ihrer Intensivierung maßgeblich beitragen kann. Die genannten Beispiele sollten gleichzeitig beweisen, daß man bei der Standortplanung unter Berücksichtigung der spezifischen Ertragsfähigkeit der Böden auch den modifizierenden Einfluß der technischen Einrichtungen der Innenwirtschaft mit beachten muß.

Maßnahmen zur Erhöhung der Auslastbarkeit der Technik auf leichten Böden

Unter Berücksichtigung der Besonderheit von Zeit und Raum erscheinen zwei verschiedene Arten von Maßnahmen erwähnenswert: erstens die unter bewußter Nutzung des sozialistischen Raumgefüges einzuleitenden Maßnahmen im Rahmen einer zu organisierenden sozialistischen Hilfe und zweitens die mit Hilfe der Technik durchzuführenden Maßnahmen zur unmittelbaren Hebung der Ertragsfähigkeit leichter Böden. Bei beiden Maßnahmen handelt es sich um nur in Etappen zu verwirklichende Programme, die dem einheitlichen Ziel einer umfassenden Intensivierung der Bewirtschaftung leichter Böden dienen.

Die sozialistische Hilfe und zwischenbetriebliche Kooperation als Mittel zur Erhöhung der Auslastbarkeit der Technik auf leichten Böden

An dieser Stelle ließe sich über die Mannigfaltigkeit der möglichen sozialistischen Hilfe, ausgehend von den verschiedensten Zweigen der Volkswirtschaft im Hinblick auf die Verbesserung der Bewirtschaftbarkeit leichter Böden innerhalb einer sozialistischen Gesellschaftsordnung, vieles sagen.

Von aktueller Wichtigkeit erscheinen augenblicklich für die Praxis drei Gesichtspunkte:

Als erster Gesichtspunkt sei die zweckmäßige Standortverteilung der Produktion unter Berücksichtigung der Besonderheiten der einzelnen Betriebe mit leichten Böden genannt, als zweiter die Rolle des über die MTS gelenkten Maschineneinsatzes. Als dritter Gesichtspunkt gilt es, die zu schaffenden Beziehungen innerhalb eines echten Kooperationsgebietes mit Betrieben unterschiedlicher Bodenarten zu erwähnen.

Es wurde bereits darauf hingewiesen, wie fehlerhaft, ja geradezu schädlich, eine Fixierung der zu der Zeit gegebenen Ertragsbedingungen auf leichten Böden im Rahmen der durchzuführenden Standortplanung der Produktion sein könnte. Es kommt deshalb darauf an, unter dem Gesichtspunkt der Nivellierung der Produktionsmöglichkeiten sich bewußt der technischen Hilfsmittel von Feld- und Viehwirtschaft zu erinnern, die eine Steigerung der Produktion und der Arbeitsproduktivität auf leichten Böden fördern helfen. Bei der sozialistischen Standortplanung geht es also in keinem Fall nur darum, den gegebenen Ertragsbedingungen, also den zur Zeit geltenden Produktionsmöglichkeiten, zu entsprechen, sondern in jedem Falle darum, gleichzeitig die zur Förderung der Standorte örtlich am besten geeigneten neuen Produktionsmöglichkeiten erschließen zu helfen. Dabei ist stets einer Vollmechanisierung der landwirtschaftlichen Produktion

Rechnung zu tragen. In diesem Zusammenhang spielt der über die MTS gelenkte Maschineneinsatz eine ganz entscheidende Rolle, weshalb darauf hingewiesen werden muß, daß für das Tempo der Übergabe der Technik an die LPG des Types III nicht nur die bislang genannten Gesichtspunkte, wie ihre wirtschaftliche Stärke oder Qualifikation der dort tätigen Menschen und anderes mehr, sondern auch die natürlichen Standortbedingungen beachtenswert sind.

Die wirtschaftliche Festigung dieser Betriebe mit leichten Böden kann sehr gut durch den seitens der MTS überbetrieblich gesteuerten Maschineneinsatz bei gleichbleibenden Tarifen gefördert werden. Die Betriebe mit leichten Böden tragen, solange sie nicht selbst, sondern die MTS über die Maschinen verfügt, nicht die Last der Kosten, die aus der zur Zeit noch gegebenen geringen Auslastbarkeit der Maschinen auf leichten Böden resultieren. Daraus soll weder der Schluß gezogen werden, daß man den Betrieben mit leichten Böden und geringer Auslastbarkeit ihrer Maschinen in bestimmten Jahreszeiten die Technik nie übergeben könnte, noch daß dieser Zustand in den Betrieben mit leichten Böden eine bleibende Eigenschaft ist. Es kommt vielmehr darauf an, innerhalb des Etappenprogrammes exakt zu berücksichtigen, daß gerade für die planmäßige Intensivierung der leichten Böden die über die MTS gesteuerte Mechanisierung eine ganz bestimmte Rolle zu erfüllen hat. Der MTS fällt also in den Betrieben mit leichten Böden die Aufgabe zu, sie wirtschaftlich so zu stärken, daß sie ein Gefüge von Produktionsprozessen aufzunehmen vermögen, über die in der Zukunft eine den Betrieben mit schwereren Böden gleichende Kontinuität der Auslastbarkeit der Technik erreicht wird. Dabei sollten alle Möglichkeiten der Kooperation mit benachbarten Betrieben, besonders dann, wenn diese über anders gelagerte natürliche Produktionsbedingungen verfügen, ausgeschöpft werden.

Bei einer bewußt gelenkten Kooperation zwischen Betrieben mit leichten und Betrieben mit schwereren Böden ist darauf zu achten, daß dabei nicht einseitige Abhängigkeitsverhältnisse entstehen. Die Betriebe mit leichtem Boden sind sehr wohl in der Lage, durch zweckentsprechende Verschiebung ihrer Produktionsprozesse benachbarte Betriebe mit schwereren Böden zu entlasten. Letztere müssen wiederum bei der Organisation ihrer Produktion dafür Sorge tragen, daß sie zur Zeit der Arbeitsspitzen in Betrieben mit leichten Böden Arbeitstäler in ihren Arbeitsaufrissen schaffen. Auf diese bewußte Paarung von Betrieben mit unterschiedlichen natürlichen Bedingungen wurde bisher nicht genügend geachtet. Zwar boten sich zu den verschiedensten Jahreszeiten sinnvoll erscheinende Ausgleichsmöglichkeiten, die jedoch gerade zu den Zeitpunkten der Arbeitsspitzen in den Betrieben mit leichten Böden nur in seltensten Fällen verwirklicht wurden.

Inwieweit aus den engeren Kooperationsgebieten eines Tages Großbetriebe mit einheitlicher Leitung entstehen, muß die Praxis selbst entscheiden: Auf die zwischenbetriebliche Kooperation sollte jedoch bis dahin nicht verzichtet werden. Neben den vielen Möglichkeiten der Nivellierung der Intensität aufgenommener Produktionsvorhaben und der zweckmäßigsten Standortverteilung der Produktion innerhalb engerer Räume ist die Nivellierung der Auslastbarkeit von Maschinen in einer Zeit der Vollmechanisierung von größter Bedeutung.

Maßnahmen zur bewußten Nutzung der Technik als Mittel der Hebung der Ertragsfähigkeit leichter Böden zur Schaffung optimaler Möglichkeiten in einer industrialisierten sozialistischen Landwirtschaft

Wie dringend es ist, die Ertragsfähigkeit leichter Böden zu heben, ergibt sich schon aus der Tatsache, daß entgegen sehr verbreiteten Vorstellungen die Mechanisierung der feldwirtschaftlichen Produktionsprozesse auf leichten Böden nicht billiger bzw. günstiger als die auf mittleren oder schweren Böden ist. Das betrifft im wesentlichen die auf den Hektar entfallende Amortisationsrate. Der gesamte Investmittelaufwand zur Vollmechanisierung des Ackerbaues auf leichten Böden steht dem auf schweren Böden um nichts nach. Diese alarmierende Tatsache hat nicht zuletzt ihre Ursache darin, daß die leichten Böden der Landwirtschaft nur geringe Möglichkeiten einräumen, auch unter den Bedingungen von Großbetrieben ein vielseitiges Pflanzensortiment zur Erreichung einer zeitlich günstigen Staffelung artgleicher Arbeitsvorkommen in die Fruchtfolge mit aufzunehmen. Unter den von der Forschungsstelle Krakow wahllos aus den Bereichen der nördlichen Bezirke der Deutschen Demokratischen Republik herausgegriffenen 139 Betrieben zur Erarbeitung kompletter Mechanisierungsprogramme beweisen die Betriebe mit vorwiegend leichten Böden übereinstimmend, daß ihr enges Pflanzensortiment der Feldwirtschaft sie fast ausschließlich zur Zeit der Getreideernte in eine Arbeitsspitze treibt. Unter den jetzt eingeleiteten Maßnahmen zur Erhöhung des Maisanbaues verstärkt sich bei ungünstiger Paarung mit Kartoffeln die Tendenz zur Herausbildung einer besonders hohen Arbeitsspitze. Da zu dieser Zeit normalerweise auch die Betriebe mit schweren Böden keine wesentliche Ausgleichsleistung zur Brechung der Spitzen in den ihnen benachbarten Betrieben mit leichten Böden zu übernehmen vermögen, bleibt die für die Betriebe mit leichten Böden extrem hohe Spitze als bestimmender Faktor für die insgesamt zu beschaffende maschinentechnische Ausrüstung. Auch der in der Regel bei Betrieben mit leichtem Boden vorkommende hohe Grünlandanteil vermag nicht zu einer besseren Auslastung der Technik beizutragen. Es handelt sich um eine Technik besonderer Art, die u. a. in dem vorwiegenden Einsatz von klein- und mittelstarken Schleppern zum Ausdruck kommt. Für diese ist die Kartoffelpflege und der erste Schnitt eine besondere Arbeitsspitze. Beide Arbeitsspitzen erfordern also zu ihrer Bewältigung eine besondere Art von Maschinen, denen in der übrigen Zeit des Jahres keine ausreichenden Auslastungsmöglichkeiten geboten werden können.

Die Feststellung, daß sich der leichte Boden im Hinblick auf die Bodenbearbeitungsgänge als äußerst witterungsanfällig erweist, darf nicht zu der falschen Schlußfolgerung führen, daß die erhöhte Auslastbarkeit innerhalb einiger Abschnitte ein typisches Symptom der Mechanisierung der Feldwirtschaft auf leichten Böden darstellt. Es kommt auf die Konkretisierung des Begriffes Zeit im engeren Sinne an, da sich dann in jedem Fall beweisen läßt, daß nur während der Frühjahrsbestellung, der Schälfurche und der Bodenbearbeitung im Herbst für den Einsatz der Maschinen auf leichten Böden bedeutend mehr Einsatztage zur Verfügung stehen. Innerhalb dieser Zeitabschnitte — gebunden an Bodenbearbeitungsgänge — kann der leichte Boden mit geringerem Aufwand als schwerer

Boden bearbeitet werden. Darüber hinaus bietet er auch noch innerhalb dieser Zeitabschnitte die Möglichkeit des Maschinenausgleiches zwischen Betrieben mit schwerem Boden. So ist es in der Praxis seit längerem üblich, den Beginn der Frühjahrsbestellung mit der ganzen Schlagkraft der Technik eines MTS-Bereiches in den Bereich der leichten Böden zu verlagern, um dort gleichzeitig den Vorteil einer erhöhten Ertragssicherung zu gewinnen, andererseits die Gesamtauslastbarkeit der Maschinen zu erhöhen. Im Zeitabschnitt der Winterfurche ist der umgekehrte Fall üblich. Die ganze Schlagkraft der Technik zur Durchführung der Winterfurche wird vorerst auf die schweren Böden konzentriert, um dann nach zunehmender Bodennässe auf die leichten Böden überzugehen und auf ihnen den Abschluß der Winterfurche herbeizuführen. Gewisse Chancen bietet noch der Erntebeginn für einen Ausgleich, jedoch während der Arbeitsspitze auf leichten Böden ist nur selten mit einem Kräfteausgleich zwischen Betrieben mit leichten und schweren Böden zu rechnen.

Die Lösung dieses Problems liegt also vorrangig in der Beseitigung des extremen Arbeitsspitzen der Feldwirtschaft, die außer den genannten Kooperationsbeziehungen zu anderen Betrieben nur über eine zweckentsprechende Erweiterung des zum Anbau zu bringenden Pflanzensortiments erreichbar ist. Die Erweiterung des Pflanzensortiments könnte teilweise eine züchterische Aufgabe sein, wird aber im wesentlichen in der Hebung der Ertragsfähigkeit leichter Böden zugunsten der Aufnahme anspruchsvollerer Pflanzen liegen. Diese liefern wiederum den Schlüssel zu seiner notwendigen Intensivierung.

Da die spezielle Forderung nach Intensivierung des Kartoffelanbaues auf leichtem Boden zugunsten der Mechanisierung bereits aktuell wird, ist über das sich daran anknüpfende Gesamtprogramm der Bewirtschaftung leichter Böden kurzfristig Klarheit zu schaffen.

Für die Intensivierung des Kartoffelanbaues bedarf es bedeutender Mengen organischer Dünger, die in der Regel als Ergebnis einer zu intensivierenden Viehwirtschaft abfallen müßten. Die zu intensivierende Viehwirtschaft setzt wiederum ein erhöhtes Futteraufkommen und dieses, soweit es ackerbaulich gewonnen werden soll, ein breites Pflanzensortiment und letzteres eine erhöhte Ertragsfähigkeit der Böden voraus. So schließt sich ein Kreislauf, aus dem ebenfalls die Notwendigkeit zur allseitigen Intensivierung der Bewirtschaftung leichter Böden ersichtlich wird. Ein ähnlicher Kreislauf der Problemstellung ergibt sich, wenn man die in der Tendenz richtige Verstärkung des Anbaues der vegetabil äußerst intensiven Maispflanze zur Verbesserung der Futtergrundlage betrachtet.

Im Endresultat erscheint in jedem Fall als sofort einzuleitende Maßnahme die Hebung der Ertragsfähigkeit unserer leichten Böden. Da uns bereits mit dem Dungkran in seiner Eigenschaft als Baggergerät zur Gewinnung von Mergel und Moder (Gruben und Teichaushube) sowie bei der Torfgewinnung und Erdmistbereitung völlig neue, rentabel lösbare Möglichkeiten geboten werden, kann der meliorationstechnischen Verbesserung der leichten Böden in großzügigerer Weise entgegengetreten werden, als dies bisher möglich war. Da des weiteren die Traktoren, die zur Bewältigung der Arbeitsspitze notwendig sind, während größerer zeitlicher Abschnitte des Jahres als frei verfügbare Energiequellen zur Verfügung stehen, sollte auch der Tiefenerschließung des Sandbodens mehr Beachtung geschenkt werden. Mit der von EGERSZEGI in Ungarn und von K. RAUHE im Bereich der Deutschen Demokratischen Republik weiter entwickelten Methode der Stallmisttiefdüngung auf extremen Sandböden bieten sich nunmehr ausgesprochen reale Möglichkeiten. Mit ihrer Hilfe, mit Hilfe einer zunehmenden Vertiefung der Pflugfurche, der Gründüngung, Bemoderung und Mergelung läßt ich im Rahmen eines größeren Zeitraumes unter den Bedingungen unserer Gesellschaftsordnung ein umfassendes Programm zur bedeutenden Hebung der Ertragsfähigkeit der leichten Böden verwirklichen. In diesem Zusammenhang bleibt zu überlegen, ob seitens des Staates nicht mit Hilfe von Krediten und direkten Stützungen einem solchen Meliorationsgeschehen Vorschub geleistet werden sollte. Dabei geht es in erster Linie um die Regensandböden.

Abschließende Bemerkungen

Der leichte Boden gewinnt vom Standpunkt der Mechanisationstechnologie zunehmend an Bedeutung. Seine Melioration erscheint so wichtig wie die des Grünlandes, dem unsere Regierung große Aufmerksamkeit schenkt. Es muß Klarheit darüber bestehen, daß der leichte Boden für eine Vollmechanisierung nur dann als würdig befunden werden kann, wenn

a) das Sortiment der auf ihm durchgeführten Produktionsprozesse eine Erhöhung der Jahresauslastung aller einzelnen Maschinen, die z. Z. unter der Auslastbarkeit von Maschinen auf mittleren und schweren Böden liegt, zuläßt und
b) steigende Erträge das stets kostspielig verbleibende Mechanisierungsgeschehen tragbar gestalten.

Es geht also darum, die Bewirtschaftung leichter Böden unter den neuen Gesichtspunkten zu sehen, die sich aus der Vollmechanisierung und den daraus resultierenden Kosten ergeben. Es ist unzweckmäßig, gegenwärtig ein Gespräch darüber zu führen, ob bei fortschreitender Mechanisierung die Bewirtschaftung des Sandbodens noch tragbar bleibt. Erstens läßt sich das Rad der Geschichte nicht rückwärts drehen, und zweitens bieten gerade die leichten Böden besonders günstige Möglichkeiten einer rentablen Mechanisierung, wenn die objektiv greifbaren ökonomischen Kräfte und naturwissenschaftlichen Erkenntnisse bewußt zur Hebung seiner Ertragsfähigkeit, zur Mehrung seiner Vielseitigkeit für die Aufnahme landwirtschaftlicher Produktionsprozesse und schließlich zur Förderung einer kontinuierlichen Auslastbarkeit der zu seiner Bewirtschaftung eingesetzten Maschinen genutzt werden. Da eine solch bewußte und uneingeschränkte Nutzung unserer ökonomisch-technischen Kräfte nur innerhalb einer sozialistischen Gesellschaftsordnung möglich ist, sollte es uns Verpflichtung sein, mit unserer ganzen Kraft auch im Bereich dieses klein erscheinenden Aufgabengebietes die absolute Überlegenheit einer sozialistischen Landwirtschaft gegenüber allen Betriebsformen der kapitalistischen Landwirtschaft zu beweisen.

ZUSAMMENFASSUNG

Die Bewirtschaftung aller landwirtschaftlich genutzten Böden steht innerhalb einer sozialistischen Gesellschaftsordnung unwiderruflich unter dem Zeichen der Industrialisierung der Landwirtschaft als der einzig technologisch tragbaren Lösung für eine Höherentwicklung der auf Maschinenarbeit beruhenden landwirtschaftlichen Produktionstechnik. Die Industrialisierung der Landwirtschaft macht ihrerseits auch die allseitige Intensivierung der Bewirtschaftung leichter Böden auf der Grundlage einer planmäßig voranzutreibenden Hebung ihrer Ertragsfähigkeit zur Voraussetzung.

Die wachsende Bedeutung der Mechanisierung bei der Gestaltung der sozialistischen landwirtschaftlichen Produktion erfordert eine gründliche wissenschaftliche Bearbeitung, mit der die Herausbildung eines neuen Forschungs- und Lehrgebietes, das der „Landwirtschaftlichen Mechanisationstechnologie" unvermeidlich wird. Eine ihrer wichtigsten Aufgaben ist die Erarbeitung von Prinzipien und Systemen einer rationellen und standortgerechten Mechanisierung der landwirtschaftlichen Produktion mit den sich daraus ergebenden Konsequenzen für die optimale Organisierung der landwirtschaftlichen Produktionsbetriebe. Von dieser im einzelnen begründeten Forderung wird die vom Standpunkt der Mechanisationstechnologie anzustrebende Bewirtschaftung leichter Böden dargelegt, wobei gleichzeitig die bereits vorhandenen und noch zu schaffenden Voraussetzungen zur schrittweisen, praktischen Lösung dieser Vorschläge erörtert werden.

РЕЗЮМЕ

Хозяйственное использование всех сельскохозяйственных угодий внутри социалистического общественного строя стоит под знаком индустриализации сельского хозяйства, как единственного с точки зрения технологии возможного решения для дальнейшего развития сельскохозяйственной производственной техники, основанной на механизации работ. Предпосылкой индустриализации сельского хозяйства в свою очередь является всесторонняя интенсификация хозяйственного использования легких почв на основе планомерного повышения их урожайности.

Возрастающее значение механизации при устройстве социалистического сельскохозяйственного производства требует тщательной научной обработки, в связи с которой будет неизбежным создание новой области научного исследования и преподавания „сельскохозяйственной технологии механизации". Одной из важнейших задач ее является разработка принципов и систем рациональной и удовлетворяющей требованиям местопроизрастания механизации сельскохозяйственного производства, с вытекающими из этого последствиями для оптимальной организации сельскохозяйственных производственных предприятий. Исходя с детально обоснованного требования излагается хозяйственное использование легких почв, желательное с точки зрения технологии механизации, причем одновременно обсуждаются уже имеющиеся и еще создаваемые фактические условия для постепенного и практического решения этого предложения.

SUMMARY

Within a socialist order the farming of all agriculturally utilized soils are irrevocably marked by the industrialization of agriculture being the only technologically acceptable solution for a further development of agricultural engineering which is based on machine work. The industrialization of agriculture presupposes however a universally intensified farming of light soils on the basis of a systematic increase of their productivity.

The increasing importance of mechanization for the development of the socialist agricultural production requires thorough scientific examinations for which the establishment of a new subject of research and study, the „agricultural mechanization technology", will be inavoidable. One of its most important tasks is the elaboration of principles and systems of a rational and site-adapted mechanization of the agricultural production with the consequences for the optimum organization of agricultural production enterprises resulting therefrom. The farming of light soils as desired from the standpoint of the technology of mechanization is explained and the already existing and still necessary pre-conditions for the gradual practical solution of these suggestions are discussed.

C. und H. HOWITZ[1]

Probleme des Ausgleichs der Differentialrente bei genossenschaftlich-sozialistischen Landwirtschaftsbetrieben auf leichten Böden mit Hilfe der Preisgestaltung

Die Bewirtschaftung der leichten Böden in der DDR wirft nicht nur Fragen der Betriebswirtschaft, der Feld- und Viehwirtschaft auf, sondern auch spezielle Probleme der Agrarplanung und Preispolitik. Der Staat muß seinen Einfluß auf die Landwirtschaft in solcher Weise ausüben, daß entsprechend den Bedürfnissen der Volkswirtschaft die volle Nutzung der leichten Böden erreicht wird. Der Agrarplanung stehen dazu eine Reihe von Möglichkeiten zu Gebote. Die Preisplanung und — bei Bestehen des jetzigen doppelten Preissystems in der Landwirtschaft der DDR — die Differenzierung der Ablieferungsmengen sind wichtiger Bestandteil der Agrarpolitik. Sie bieten die Möglichkeit, die unterschiedlichen natürlichen Produktionsbedingungen auszugleichen und damit die LPG, die die leichten Böden bewirtschaften, vor einer Benachteiligung gegenüber den LPG, die auf guten Böden wirtschaften, zu bewahren.

Allerdings zeigt ein Vergleich der real erarbeiteten Werte für die Arbeitseinheit, unter Vernachlässigung einer Reihe anderer Faktoren, die dieses Ergebnis auch mit beeinflussen können, daß es bisher nicht gelungen ist, das genannte Ziel voll zu erreichen. Beim Vergleich des Wertes der Arbeitseinheiten für das Jahr 1959 wurden alle LPG Typ III in der DDR erfaßt und in 4 Gruppen nach natürlichen Bedingungen untergliedert. Die Gruppen umfassen etwa gleiche Flächen. In der besten Gruppe sind 30% der 1959 von den LPG Typ III bewirtschafteten landwirtschaftlichen Nutzfläche und in der IV. Gruppe 24% dieser Fläche zusammengefaßt. Wenn man den real erarbeiteten Wert der Arbeitseinheit in der Gruppe I gleich 100 setzt, dann betrug er 1959 in der Gruppe IV nur 38,6.

Diese Betrachtung stellt sich das Ziel, auf der Grundlage von Untersuchungen des Institutes für Agrarökonomik der Landwirtschaftlichen Fakultät der Universität Rostock, das bis 1958 unter der Leitung von Asmus PETERSEN stand, Hinweise zur Lösung dieser Grundfrage der Agrarplanung und Preispolitik der DDR für die

---

[1] Dr. habil. Herrmann HOWITZ
Dozent und Direktor des Institutes für Agrarökonomik der Universität Rostock
Dr. Claus HOWITZ
Wissenschaftlicher Mitarbeiter des Ministeriums für Landwirtschaft, Erfassung und Forstwirtschaft

Bewirtschaftung der leichten Böden zu geben. Einleitend sollen einige theoretische Fragen, die insbesondere mit der Differentialrente und der absoluten Rente zusammenhängen, erörtert werden. Dabei gilt es zu klären, wie die Rente auf Staat und LPG verteilt werden soll und welche Möglichkeiten dazu bestehen.
Der zweite Teil der Ausführungen beschäftigt sich mit der praktischen Lösung der aufgezeigten Probleme, soweit sie die Preis- und Steuerpolitik betreffen, und unterbreitet Vorschläge zur Durchführung entsprechender Maßnahmen.

Absolute Grundrente und Differentialrente in der Landwirtschaft

Die Entstehung der Bodenrenten in der Periode des Kapitalismus hat Karl MARX [3] untersucht. Er unterschied erstmals in richtiger Weise zwischen den verschiedenen Rentenformen und wies nach, daß in der kapitalistischen Ära auf der Grundlage des Privateigentums an Grund und Boden und der Beschränktheit des Bodens sowie wegen der unterschiedlichen Fruchtbarkeit der Böden, der ungleichen Entfernung zu den Absatzpunkten und schließlich auf Grund zusätzlicher Kapitalaufwendungen die absolute Rente und die Differentialrenten I und II entstehen.
Unter sozialistischen Verhältnissen lassen sich ähnliche Erscheinungen sowohl bei VEG wie bei LPG beobachten. Wenn hier auch für diese Erscheinungen dieselben Bezeichnungen wie im Kapitalismus beibehalten werden, so muß doch betont werden, daß die Renten im Sozialismus einen völlig anderen sozialen Inhalt besitzen. Sie sind nicht mehr Ausdruck der Ausbeutung. Mit den Rentenformen unter sozialistischen Produktionsverhältnissen haben sich insbesondere HAUK, OELSSNER, REINHOLD und SCHMIDT beschäftigt. Zusammenfassend kann folgende Darstellung der Problematik gegeben werden:
Die absolute Grundrente ist direkt mit dem privaten Eigentum am Grund und Boden verbunden und kann in Ländern, in denen der Boden nationalisiert ist, nicht existieren. Das trifft auf die Sowjetunion und die Mongolische Volksrepublik zu. In den übrigen Ländern des sozialistischen Lagers, darunter auch in der DDR, blieb der größte Teil der landwirtschaftlichen Nutzfläche Privateigentum. Da aber in diesen Ländern kein kapitalistisches Monopol des Grundeigentums mehr besteht, kann auch keine absolute Grundrente realisiert werden. Trotzdem kann festgestellt werden, daß in den LPG etwas der absoluten Rente Ähnliches, nämlich die teilweise Bezahlung nach eingebrachten Bodenanteilen, vorhanden ist. In den verschiedenen Typen der LPG sind Maximalsätze der Bezahlung nach Bodenanteilen festgelegt. Sie betragen beim Typ I bis zu 40%, beim Typ II bis 30% und beim Typ III bis 20% der zur Verteilung gelangenden Einkünfte der LPG.
Diese Verteilung nach Bodenanteilen widerspricht im gewissen Sinne dem Prinzip der Verteilung nach der Arbeitsleistung. Die Bodenanteile werden proportional dem eingebrachten Boden verteilt. Die Arbeitsleistung wird nur insofern berücksichtigt, als ein bestimmter Mindestsatz an Arbeitseinheiten geleistet sein muß, um Bodenanteile zu erhalten. Dadurch wird zwar ein völlig arbeitsloses Einkommen verhindert, aber ehemalige Mittelbauern haben dennoch bei gleicher Arbeitsleistung höhere Einkünfte aus der genossenschaftlichen Produktion als ehemalige Landarbeiter oder Kleinbauern. Trotzdem ist die Verteilung nach Bodenanteilen

vor allem während der Periode der sozialistischen Umgestaltung notwendig. In der DDR wie auch in anderen Ländern der Volksdemokratien zeigte sich, daß die Bodenanteile insbesondere für Mittelbauern ein Anreiz zum Eintritt in die Genossenschaft waren.

Je weiter sich das gesellschaftliche Bewußtsein in den LPG entwickelt, desto mehr wird diese Verteilungsform abgebaut werden können. Als Beispiel sei hier die genossenschaftliche Entwicklung in Bulgarien angeführt. Nachdem die meisten Genossenschaften jetzt mehr als 10 Jahre bestehen und schon große genossenschaftliche Fonds angesammelt haben, ist in sehr vielen Genossenschaften die Bezahlung nach Bodenanteilen auf Beschluß der Mitgliederversammlung abgeschafft worden. Während im Jahre 1952 noch 20% der Einkünfte nach Bodenanteilen verteilt wurden, waren es 1958 nur noch 2%. Diese Entwicklung zeichnet sich auch allmählich in der DDR ab.

Die Bodenanteile enthalten aber nicht immer nur die absolute Rente, sondern teilweise auch einen Anteil an der Differentialrente. Das resultiert daraus, daß die Bodenanteile einen bestimmten Prozentsatz der Einkünfte ausmachen. Da die Einkünfte Differentialrente enthalten können, gilt das gleiche für die Bodenanteile.

Die Differentialrente I beruht auf der unterschiedlichen Fruchtbarkeit der Böden und ihrer ungleichen Entfernung zu den Absatzorten. Die Differentialrente II entsteht durch zusätzliche Kapitalaufwendungen auf derselben Fläche über das durchschnittliche Maß hinaus. Bei Hebung des allgemeinen Produktionsniveaus wird die Differentialrente II allmählich zur Differentialrente I. Allein schon aus diesem Grund ist es schwierig, die Differentialrente I und II richtig abzugrenzen. Während die Differentialrente I keineswegs das Verdienst der LPG ist, kann die Differentialrente II insoweit als deren Verdienst angesehen werden, wie sich durch eigene Kapitalinvestitionen die Intensität der Bodenbewirtschaftung erhöht. Sofern aber diese Intensitätserhöhung mit Hilfe von staatlichen Krediten oder sogar Staatszuschüssen erfolgt, ist auch die Differentialrente II nicht mehr nur auf die eigene Initiative der LPG-Bauern zurückzuführen.

Die drei aufgeführten Komponenten der Differentialrente, Fruchtbarkeit, Entfernung zum Absatzort und zusätzliche Kapitalaufwendungen, wirken in der Landwirtschaft der DDR nicht gleichmäßig stark. Die ökonomische Lage zu den Absatzorten konnte durch eine Reihe staatlicher Maßnahmen weitgehend ausgeglichen werden, z. B. überall einheitliche Erfassungs- und Aufkaufpreise, Übernahme der Transportkosten bei verschiedenen Produkten, wie Zuckerrüben u.a.m., dichtes Netz von Erfassungsstellen, gleiche Abgabepreise von landwirtschaftlichen Produktionsmitteln, d. h. gleichmäßige Verteilung der entstehenden Transportkosten auf alle Käufer. Schwieriger ist der Ausgleich der Bodenfruchtbarkeit. Hier wird im Laufe der Zeit durch Maßnahmen zur Bodenverbesserung vieles zu erreichen sein, doch wird noch lange Zeit die Produktivität der Arbeit auf den verschiedenen Böden unterschiedlich sein. Die Kapitalaufwendungen zu diesem Zweck, z. B. Meliorationszuschüsse, Erlaß oder teilweiser Erlaß der MTS-Kosten beim Tiefpflügen, sind Beispiele staatlicher Unterstützung zur Bewirtschaftung der leichten und schlechten Böden. Die staatliche Planung und die Agrarwissenschaft haben dabei die Aufgabe, festzustellen, inwieweit die erforderlichen Aufwendungen volkswirtschaftlich vertretbar sind. Das wird bedeuten, daß unter den verschiedenen Produktionsbedingungen die zusätzlichen Kapitalaufwendungen oft unterschiedlich sein werden. So besteht auch weiterhin, wenn auch in schwächerem Maße als bisher, die Differentialrente der Fruchtbarkeit und der zusätzlichen Kapitalaufwendungen.

Eine weitere Besonderheit der Differentialrente im Sozialismus ist folgende: Während der kapitalistische Produzent versucht, möglichst nur diejenigen Produkte zu erzeugen, die am gegebenen Ort die größte Rente abwerfen, richten die sozialistischen Landwirtschaftsbetriebe ihre Produktion planmäßig nach dem volkswirtschaftlichen Bedarf aus. Da dieser in der DDR an tierischen Produkten besonders hoch ist, werden diese preislich bevorzugt und ergeben besonders hohe Differentialeinnahmen.

Aus der Anwendung des doppelten Preissystems resultieren noch andere Erscheinungen. Sie werden von STIBUREK [7] behandelt. Er unterscheidet zwischen der Differentialrente, die auf Grund der landwirtschaftlichen Bruttoproduktion je ha landwirtschaftlicher Nutzfläche mit Hilfe einheitlicher Preise ermittelt wird, und der tatsächlich realisierten Differentialrente, der das doppelte Preissystem zugrunde liegt. Hierauf wird noch einzugehen sein.

In welchem Maße soll nun die Differentialrente ausgeglichen werden? Darüber gehen die Meinungen sehr auseinander. Von vielen Ökonomen wird gefordert, daß die Differentialrente I vom Staat vereinnahmt werden müßte, da sie auf der unterschiedlichen Bodenfruchtbarkeit beruht, und daß die Differentialrente II zum Anreiz weiterer Intensivierung den LPG verbleiben sollte. Andere Autoren fordern die Differentialrente I für die LPG, wobei sie als Begründung anführen, daß das Differentialprodukt letzten Endes durch die menschliche Arbeit auf den besseren Böden geschaffen wird. Das widerspricht aber dem sozialistischen Verteilungsprinzip und ist unbedingt abzulehnen. Die Bauern haben in jeder LPG das gleiche Recht auf einen angemessenen Lebensstandard. Grundsätzlich müßte im Gegensatz zur oben angeführten Meinung die Forderung lauten: Sämtliche Renten müssen vom Staat vereinnahmt werden, um für alle Mitglieder der Gesellschaft gleiche Einkommensmöglichkeiten entsprechend der geleisteten Arbeit zu schaffen. Für den Übergang sollte die Differentialrente I voll und ganz vom Staat vereinnahmt werden. Für die Differentialrente II gilt im Prinzip das gleiche. Erstens ist zwischen der Differentialrente II und der Differentialrente I äußerst schwer zu unterscheiden, ja, sie gehen sogar ineinander über, zweitens bedeuten bei der bestehenden großzügigen Förderung der LPG durch den Staat die zusätzlichen Kapitalaufwendungen fast durchweg staatliche Kredite oder Zuschüsse. Auch wenn diese zusätzlichen Kapitalaufwendungen aus eigenen genossenschaftlichen Mitteln ermöglicht wurden, so sind diese Mittel oft indirekt aus günstigen Ablieferungs- und Preisbedingungen für die LPG entstanden und geben damit im Prinzip ebenfalls keine Berechtigung zu einer Realisierung der Differentialrente II durch die einzelne Genossenschaft. Man muß aber dabei berücksichtigen, daß im gegenwärtigen Entwicklungsstadium die sozialistische Gesellschaft noch nicht in der Lage ist, sämtliche Renten abzuschöpfen, ohne dabei die weitere Intensivierung und Steigerung der Produktion zu hemmen. Außerdem dürfen die behandelten objektiven Produktionsbedingungen bei der Beurteilung der Einkünfte der LPG nicht mit den subjektiven Faktoren vermengt werden, die sich vor allem aus Arbeitsorganisation und Arbeitsmoral ergeben.

Wurde durch diese Ausführungen dargelegt, wie mit der Differentialrente zu verfahren ist, so ist jetzt zur Einschätzung der Produktionsbedingungen und ihrer Ausnutzung Näheres auszuführen. Das genossenschaftliche Eigentum an den Produktionsmitteln in den LPG bringt einen Verteilungsmodus mit sich, nach dem jedes LPG-Mitglied an den Erfolgen der genossenschaftlichen Arbeit materiell beteiligt ist. Da die wirtschaftlichen Erfolge in den einzelnen LPG unterschiedlich sind, wird gleiche Arbeit zur Zeit nicht überall gleich bezahlt. Um die dabei obwaltenden objektiven und subjektiven Ursachen voneinander trennen zu können, ist eine genaue Bestimmung der objektiven Produktionsbedingungen notwendig.

Als Bewertungsmaßstab hierfür bieten sich drei Möglichkeiten. Die erste ist die Anwendung der Bodenschätzung, die zweite die Einteilung der DDR in Produktionstypen, und als dritte wird die Auswertung der Perspektivpläne, die in jeder LPG aufgestellt wurden, vorgeschlagen.

Die Bodenschätzung hat den großen Nachteil, daß sie, auf Reinertragsverhältniszahlen aufgebaut, unter kapitalistischen Bedingungen durchgeführt wurde und in vielen Gebieten schon 25 Jahre alt ist, so daß die Schätzungsergebnisse oft überholt sein dürften. Besonders muß betont werden, daß sich die Erkenntnisse über die Einschätzung des leichten Bodens während dieser Zeit erweitert haben. Die Mängel der Bodenschätzung und die Möglichkeiten ihrer Ausmerzung bei einer Rohertragsbonitierung hat PETERSEN [5] ausführlich behandelt.

PETERSEN [4] und RÜBENSAM [6] entwickelten Produktionstypen, die zwar teilweise auf den Ergebnissen der Bodenschätzung basieren, jedoch versuchen sie, aus den Reinertragsverhältniszahlen Rohertragsverhältniszahlen abzuleiten, und legen diese den Planungsaufgaben zugrunde. Insbesondere ergeben sich bei der Planung größerer Gebiete durch ihre Anwendung beträchtliche Vorteile. Für die Planung des einzelnen Betriebes genügen sie jedoch noch nicht, weil hier Spezialisierungsmöglichkeiten zusätzlich berücksichtigt werden müssen.

Eine gute Grundlage für die Planung des Einzelbetriebes können die Perspektivpläne darstellen, wenn sie sorgfältig ausgearbeitet werden und alle noch vorhandenen Produktionsreserven ausschöpfen. Die gegenwärtig existierenden Perspektivpläne der LPG geben die mögliche Produktion für das Jahr 1965 an. Ihre Erarbeitung erfolgte aber leider nicht sorgfältig genug, um sie für Planungszwecke voll nutzen zu können. Es muß deshalb hier die Forderung erhoben werden, genaueste Richtlinien zur Erarbeitung von Perspektivplänen auf wissenschaftlicher Grundlage aufzustellen, die beispielsweise alle bisherigen Arbeiten auf diesem Gebiet (Ergebnisse der Bodenschätzung, Aufstellung von Produktionstypen, Feststellung der Spezialisierungsrichtung u. a.) berücksichtigen sollten.

Ist das geschehen, so könnte man nach zentraler Überprüfung (vergleiche hierzu die Ausführungen über die Anwendung von Elektronenrechenmaschinen) die in den Perspektivplänen enthaltenen Produktionskennzahlen als Maßstab für die mögliche Produktion in jeder LPG ansehen. Die Unterschiede dieser „möglichen Produktion" in den einzelnen LPG können dann als Grundlage der Messung und des Ausgleichs der Differentialrente dienen.

Auswirkungen auf die Agrarpreise

Praktisch lassen sich folgende Vorschläge zur Lösung der aufgeworfenen Probleme durch die Preis- und Steuerpolitik machen. Wegen der Existenz der Differentialrente wirken sich die Preise unter den verschiedenen Produktionsbedingungen ganz unterschiedlich auf Einnahmen und Einkünfte aus. Um einen gerechten Ausgleich herbeizuführen, kann man Steuern oder die Ablieferungsveranlagung verwenden. Diese Möglichkeiten haben je nach dem angewendeten Preissystem unterschiedliche Bedeutung. Während man im doppelten Preissystem die Differentialrente ohne Steuern ausgleichen kann, wenn man genau festlegt, welche Mengen zu den einzelnen Preisen verkauft werden müssen, wobei die Differenz zwischen Erfassungs- und Aufkaufpreisen nicht zu gering sein darf, muß im einfachen Preissystem eine genügend differenzierte Steuer vorhanden sein, um die gesamte Differentialrente wegsteuern zu können. Eine gewisse Abart des einfachen Preissystems wäre ein Preissystem, bei dem zwar jedes Produkt nur einen Preis erhält, aber eine Staatshilfe eventuell in Form eines Zuschusses für das Produkt oder die bestellten Flächen von Betrieben, die unter ungünstigen Bedingungen wirtschaften, gegeben würde. Dieses System käme dann in Frage, wenn das einheitliche Preissystem nicht unter allen Produktionsbedingungen ausreichte, um die Produktionskosten zu decken.

Allgemein ist zu fordern, daß jedes Preissystem ein geschlossenes System darstellen muß, welches keine Widersprüche enthält und sich mit der volkswirtschaftlichen Mengenplanung in Übereinstimmung befindet. Diese Forderung ist allerdings leichter aufzustellen, als praktisch zu verwirklichen. So wurde beispielsweise bei den im Mai 1958 erfolgten Preisänderungen der Preis für Rind stark erhöht, während gleichzeitig der Schweineaufkaufpreis gesenkt wurde. Diese etwas krasse gegenläufige Preisentwicklung führte zwar zu einem starken Aufschwung in der Rindfleischproduktion, stimulierte aber gleichzeitig einen nicht vorgesehenen Rückgang der Schweineproduktion, der wiederum durch Vergünstigungen (Ferkelprämien usw.) abzufangen versucht wurde. Nicht aufeinander abgestimmte Maßnahmen können leicht zu Spekulationen führen und Verluste für den Staatshaushalt mit sich bringen. Das augenblicklich noch vielfach angewandte Verfahren von kurzfristigen materiellen und finanziellen Vergünstigungen sollte deshalb nur ausnahmsweise benutzt werden, weil es die Ausnutzung des Gesetzes der planmäßig proportionalen Entwicklung der Volkswirtschaft stört.

Im doppelten Preissystem werden für jedes Produkt mindestens zwei Preise festgelegt. Die Höhe der Veranlagung entscheidet darüber, welcher Teil des Produktes zu Erfassungspreisen und welcher zu Aufkaufpreisen realisiert werden kann.

Mit jedem doppelten Preissystem ist also automatisch eine Veranlagung verbunden. Eine Festsetzung des Ablieferungssolls kann es allerdings auch über den Vertragsabschluß im einfachen Preissystem geben und ist sogar empfehlenswert, jedoch für das Funktionieren des einfachen Preissystems nicht Bedingung. Im doppelten Preissystem ist die Veranlagung unerläßliche Voraussetzung für dessen Wirksamkeit. Da nach den gesetzlichen Bestimmungen die Erfüllung des Ablieferungssolls gefordert wird, bevor Aufkaufpreise in Anspruch genommen werden können, sind die LPG gezwungen, ihre Ablieferungspflichten ohne Rücksicht auf die Höhe der Preise zu erfüllen. Die Übersollmengen können dann in der eigenen Wirtschaft verfüttert, zu Aufkaufpreisen an den Staat abgeliefert, auf dem Bauernmarkt frei verkauft oder zum Teil unter die Mitglieder verteilt werden.
Die Anwendung des doppelten Preissystems in der Übergangsperiode vom Kapitalismus zum Sozialismus ergab sich besonders aus folgenden Gründen:

1. Durch Festlegung von Ablieferungsmengen sollte die Landwirtschaft in den Volkswirtschaftsplan einbezogen und ein Mindestaufkommen an landwirtschaftlichen Produkten gesichert werden.
2. Es war ein starker materieller Anreiz zur Produktionssteigerung erforderlich, der durch die hohen Aufkaufpreise gegeben wurde.
3. Die Spontanität, die vom Sektor der kleinen Warenproduktion ausging, mußte eingeschränkt und Spekulationen mußten dadurch verhütet werden, daß man über die hohen Aufkaufpreise einen stufenlosen Übergang zum Einzelhandelspreissystem schuf und so auch die über das Soll hinaus produzierten Waren in den Händen des Staates konzentrierte, selbst wenn der größte Teil der Warenproduktion noch durch Einzelbauern erzeugt wurde.
4. Die Betriebsgrößen mußten durch unterschiedliche Veranlagung der Betriebe berücksichtigt werden. Das gestattete die Durchführung der Bündnispolitik zwischen der Arbeiterklasse und den werktätigen Bauern und eine Einschränkung der kapitalistischen Wirtschaft der Großbauern.
5. Der genossenschaftlich-sozialistische Sektor konnte mit Hilfe entsprechender Maßnahmen im Ablieferungssystem unterstützt werden.
6. Durch die Differenzierung des Ablieferungssolls nach den natürlichen Produktionsbedingungen sollte ein Ausgleich der Differentialrente erzielt werden.

Das doppelte Preissystem erfüllte einen großen Teil dieser Aufgaben. Mit der Steigerung der Produktion und der Entwicklung sozialistischer Produktionsverhältnisse auf dem Lande traten jedoch die dem doppelten Preissystem anhaftenden Schwächen stärker in den Vordergrund:
Bei feststehenden Ablieferungsnormen und festen Erfassungs- und Aufkaufpreisen wachsen die Einnahmen der Landwirtschaft schneller als ihre Marktproduktion, da die Aufkaufpreise in der Regel wesentlich über dem gesellschaftlichen Wert festgesetzt sind. Setzt man die Verkaufserlöse und die Marktproduktion der einzelbäuerlichen Betriebe der DDR für das Jahr 1952 gleich 100%, so machten im Jahre 1957 die Verkaufserlöse 162%, die Marktproduktion aber nur 121% aus [8]. Im einfachen Preissystem wären dagegen die Einnahmen proportio-

nal mit der Marktproduktion angestiegen. So werden im doppelten Preissystem sehr hohe Gewinne ermöglicht, die keinen Anreiz zur Senkung der Selbstkosten schaffen, und zum anderen tritt ein materielles Interesse bis zur Erfüllung der Ablieferungspflicht wegen der niedrigen Erfassungspreise kaum in Erscheinung. Technisch läßt sich das doppelte Preissystem nur mit einem verhältnismäßig großen Verwaltungsapparat durchführen. Im einfachen Preissystem könnten viele Menschen des Erfassungsapparates für andere Funktionen freigestellt werden.
Abgesehen von diesen Mängeln, die dem doppelten Preissystem allein schon theoretisch anhaften, gibt es eine Reihe von Schwierigkeiten, die sich bei der praktischen Anwendung dieses Preissystems in der DDR ergeben haben. Diese Schwierigkeiten sind folgende:
Die Grundlagen, die mit der Bodenschätzung und den Produktionstypen erarbeitet wurden, werden nicht richtig zur Festsetzung des Ablieferungssolls genutzt. So ist die Festlegung der Ablieferungsmenge oft eine subjektive Angelegenheit, auf die von einzelnen LPG-Vorsitzenden großer Einfluß zugunsten ihrer LPG und zum Nachteil der Volkswirtschaft ausgeübt wird. Hat der von den LPG aufgestellte Produktionsplan Einfluß auf eine eventuelle Ermäßigung des Ablieferungssolls, so wird dadurch die Aufstellung realer Pläne gehemmt und das Einbauen von Planpolstern begünstigt.
Der Beschluß der Regierung, ab 1953 die Ablieferungsnormen nicht zu ändern, sie vor allem nicht zu erhöhen, belastet das Ablieferungssystem darüber hinaus mit einigen historischen Schwächen. Die subjektive Veranlagung der LPG und der einzelbäuerlichen Betriebe hat unterschiedliche Auswirkungen auf die Rentabilität der Betriebe herbeigeführt. Manche Betriebe, besonders auf guten Böden, haben durch eine niedrige Veranlagung sehr hohe Einnahmen erzielt, andere Betriebe, vor allem auf leichten Böden, wurden relativ zu hoch veranlagt, so daß bei ihnen die erweiterte und sogar die einfache Reproduktion gefährdet war. Auf diese Weise wurde eine sehr differenzierte Entwicklung der Betriebe durch die Veranlagung im doppelten Preissystem ausgelöst. Eine ähnliche Entwicklung zeigt sich auch in den Einnahmen gut und schlecht geleiteter LPG. Hier erhalten die gut wirtschaftenden Genossenschaften höhere Durchschnittspreise pro dt Produkt, obwohl ihre Selbstkosten niedriger liegen als in zurückgebliebenen LPG.
Setzt man einzelne Aufkaufpreise verhältnismäßig hoch fest, wie das in der DDR z. B. jahrelang bei Schweinen und anderen tierischen Produkten geschehen ist, so werden die bevorzugten Produkte in Gegenden erzeugt, in denen sie, von den natürlichen Bedingungen aus betrachtet, keine Berechtigung haben. Im einfachen Preissystem muß sich eine wesentlich zweckmäßigere Anpassung der Produktion an die Produktionsbedingungen ergeben; denn hier müssen die einzelnen Preise in Relationen zueinander festgesetzt werden, die ein Aufkommen an landwirtschaftlichen Produkten ermöglichen, das dem volkswirtschaftlichen Bedarf weitgehend entspricht.
Besonders wirkt sich das doppelte Preissystem auf die schon oben erwähnte differenzierte Entwicklung der Einnahmen aus, wenn die Unterschiede zwischen Erfassungs- und Aufkaufpreisen zu groß sind. Das Verhältnis von 1 : 8 und 1 : 9

in den Jahren 1948/49 hat sich schon auf 1 : 1,5 bis 1 : 2,5 verringert. Noch günstiger wäre eine nur geringe Prämie durch den Aufkaufpreis von ungefähr 1 : 1,5. Dann würden sich Veranlagungsfehler schwächer auswirken. Ein weiteres Annähern beider Preisebenen im doppelten Preissystem ist allerdings nicht möglich, da sich dann nicht mehr die Differentialrente allein mit den Preisen und dem Ablieferungssoll ausgleichen ließe.
Auch die Zusammenhänge zwischen Erfassungs- und Aufkaufpreis einerseits und den bei nicht artengerechter Erfüllung des Ablieferungssolls in Funktion tretenden Austauschäquivalenten andererseits wurden nicht genügend beachtet. Dadurch wurden ebenso wie durch die fehlende Abstimmung von Erfassungs- und Aufkaufpreisen nach Qualität und Jahreszeit Spekulationen ermöglicht [1].
Wie gezeigt wurde, ist das doppelte Preissystem in einer bestimmten historischen Etappe richtig und zweckmäßig gewesen, mit dem Sieg des Sozialismus auf dem Lande ist es jedoch nicht mehr notwendig, die beschriebenen objektiven und subjektiven Nachteile weiterhin in Kauf zu nehmen [2]. Viele Aufgaben, die das doppelte Preissystem hatte, sind heute gegenstandslos geworden, wie die Einschränkung kapitalistischer Entwicklungstendenzen in der Landwirtschaft oder die Förderung der Produktion bestimmter Erzeugnisse. Unter den gegenwärtigen Bedingungen in der DDR sollte das doppelte durch ein einfaches Preissystem abgelöst werden. Die Vorteile des einfachen Preissystems brauchen hier nicht näher behandelt zu werden, da im allgemeinen die Nachteile des doppelten Preissystems mit den Vorteilen des einfachen Preissystems zusammenfallen.
Aus der Anwendung des einfachen Preissystems ergeben sich im wesentlichen zwei Probleme: die richtige Bemessung der Spannen zwischen Erzeuger- und Einzelhandelspreisen und der Ausgleich der Differentialrente. Beide Probleme sollen im Zusammenhang behandelt werden. Im doppelten Preissystem kann man durch richtige Differenzierung den Durchschnittspreis aller im einzelnen Betrieb erzeugten landwirtschaftlichen Produkte dem individuellen Wert der Produktion angleichen. Damit können die Differentialrenten der Fruchtbarkeit und der ökonomischen Lage der Böden vom Staat abgefangen werden. Hierzu ist eine solche Preisfestsetzung nötig, daß die Erfassungspreise höchstens den individuellen Wert bei günstigsten Produktionsbedingungen und die Aufkaufpreise mindestens den individuellen Wert bei ungünstigsten Produktionsbedingungen ersetzen und die Pflichtablieferung so differenziert wird, daß unter günstigsten Bedingungen fast die gesamte Produktion und unter ungünstigsten Bedingungen kein Produkt als Ablieferungssoll gefordert wird.
Wie schon in der Einleitung zahlenmäßig belegt wurde, ist jedoch das doppelte Preissystem dieser Aufgabe nicht gerecht geworden. Das gleiche beweisen auch die Angaben aus den Jahresabschlußberichten der LPG des Typ III für das Jahr 1959. Das Verhältnis der mit den Erfassungspreisen von 1955 bewerteten Marktproduktion zu den Einnahmen beträgt in der Gruppe der guten Böden 1 : 2,5 und in der Gruppe der leichten Böden 1 : 2,7. Um auch auf den leichten Böden einen gleich hohen Wert der Arbeitseinheit zahlen zu können wie auf den guten Böden, wäre jedoch ein Verhältnis von 1 : 3,3 notwendig gewesen.

Im Gegensatz dazu ist der Anschluß an das Verbraucherpreisniveau im doppelten Preissystem gut gelöst, da nur der Aufkaufpreis diese Funktion zu übernehmen brauchte. Das ist anders im einfachen Preissystem. Für die Festlegung des Preisniveaus ergeben sich hier verschiedene Möglichkeiten, von denen drei Fälle in bezug auf Anschluß an das Einzelhandelspreisniveau und Ausgleich der Differentialrente behandelt werden sollen.

1. Das Agrarpreisniveau richtet sich nach den Produktionskosten unter günstigsten Produktionsbedingungen. Hier ergibt sich die Notwendigkeit, allen Betrieben, die unter schlechteren Produktionsbedingungen produzieren, eine staatliche Stützung zuzuführen. Eine Besteuerung ist unnötig. Die Stützung könnte als Produktionshilfe auf verschiedene Art in Abhängigkeit von der Ertragslage des Bodens gewährt werden. Für die Bewirtschaftung sehr ungünstiger Böden müßten die höchsten Prämien gezahlt werden, sofern diese noch im volkswirtschaftlichen Interesse liegt. Im Verhältnis zu den gegenwärtigen Einzelhandelspreisen erscheint diese Festsetzung der Erzeugerpreise besonders bei tierischen Produkten als zu niedrig, weil Spekulationen und eine ungerechtfertigte Belebung des Bauernmarktes die Folge wären. In fernerer Zukunft wäre durch dieses Prinzip die Möglichkeit gegeben, bei sinkenden Lebensmittelpreisen trotzdem noch das landwirtschaftliche Preissystem mit dem Verbraucherpreissystem in Übereinstimmung zu halten. Eine Gefahr besteht jedoch darin, daß auf sehr armen Böden bei hoher Stützung das Interesse an der ordnungsgemäßen Bewirtschaftung dadurch nachlassen könnte, daß die staatliche Stützung als ausreichende Einnahmequelle angesehen würde. Außerdem dürfte eine Kontrolle seitens des Staates über die zweckmäßige Verwendung der Stützung schwierig sein.
2. Die Preise richten sich nach den Betrieben, die unter ungünstigsten Produktionsbedingungen produzieren müssen. Schwierigkeiten ergeben sich einerseits dadurch, daß das Preisniveau unter diesen Bedingungen sehr hoch festgesetzt sein muß und daß damit umfangreiche staatliche Mittel zusätzlich gebunden werden. Andererseits ist es notwendig, eine exakte, sehr hohe Steuerveranlagung durchzuführen. Der Anschluß an die jetzt geltenden Einzelhandelspreise mit Ausnahme der Preise von Getreideerzeugnissen und Kartoffeln wäre auf diese Weise am besten gewährleistet.
3. Bei der zu erwartenden schnellen Entwicklung der genossenschaftlichen Produktion erscheint die folgende dritte Möglichkeit am vorteilhaftesten: Die Erzeugerpreise richten sich nach den durchschnittlichen Produktionsbedingungen, d. h., Betriebe unter günstigeren Produktionsbedingungen wären zu besteuern und Betriebe unter ungünstigeren Produktionsbedingungen müßten einen Zuschuß erhalten. So würden weder die Steuern noch die Zuschüsse übermäßig hoch sein. Es erscheint unter diesen Umständen notwendig, eine sehr exakte Beurteilung der einzelnen Produktionsbedingungen vorzunehmen, um eine gerechte Eingruppierung des Betriebes zu ermöglichen. Diesem Erzeugerpreisniveau kommt in bezug auf die Abstufung zu den Einzelhandelspreisen eine Mittelstellung zu.

Die leichten Böden könnten außer zahlreichen schon heute üblichen Produktionshilfen, soweit sie in ein einheitliches geschlossenes Preissystem passen, noch begünstigt werden, indem man erstens die Erzeugerpreise für tierische Produkte über und die Preise für Kartoffeln und Getreide unter den durchschnittlichen Selbstkosten festlegt und zweitens die Lieferverpflichtungen für Getreide auf leichten Böden erläßt. Wird von diesen Böden ein Kartoffelaufkommen gefordert, so sollte der Staat Futtergetreide gegenliefern. Damit kämen die Betriebe auf leichten Böden stärker in den Genuß der relativ höheren Preise für tierische Produkte. Die Abstufung zu den Einzelhandelspreisen würde dadurch ebenfalls verbessert.

Weitere Arten der Hilfe für leichte Böden könnten sein: Abschluß spezieller Verträge mit diesen LPG, um durch verbilligte Futtermittel eine hohe tierische Produktion zu ermöglichen; Zurverfügungstellung von anderen Produktionsmitteln ebenfalls auf verbilligter Basis; Betreiben einer Investitions- und Kreditpolitik zur Förderung der Produktion von solchen Produkten, die vom Boden mehr oder weniger unabhängig sind; Erhöhung der Preise derjenigen Produkte, die speziell nur auf leichten Böden angebaut werden können, wie Schafschwingel, Serradella, Lupine. Die Erhöhung der Preise von Produkten, wie Roggen und Kartoffeln, dürfte dagegen recht problematisch sein, weil mit dieser Preiserhöhung auf den besseren Böden ebenfalls eine Anbauausweitung auf Kosten der ertragreicheren Kulturen, wie Weizen und Zuckerrüben, erfolgen würde, die volkswirtschaftlich nicht erwünscht sein kann.

Für das notwendig werdende Steuersystem bieten sich verschiedene Möglichkeiten an. Man könnte die LPG nach dem Umsatz, nach den Produktionsbedingungen und nach dem Einkommen besteuern. Einzelheiten der Steuerpolitik sollen jedoch im Rahmen dieser Arbeit nicht behandelt werden, zumal ja die leichten Böden in der Regel unbesteuert bleiben würden.

Anwendung moderner Hilfsmittel bei der Planung und Schlußbetrachtungen

Welcher Weg ließe sich beschreiten, um die notwendigen Steuern bzw. Stützungen quantitativ richtig zu bemessen? Als Grundlage müßte ein Bonitierungsmaßstab dienen, der Auskunft über die Ertragsmöglichkeiten sowie über Aufwand an vergegenständlichter und lebendiger Arbeit bei normaler Bewirtschaftung und Witterung gibt. Der Bonitierungsmaßstab sollte sich u. E. auf die Perspektivpläne der LPG in Abstimmung mit den Ergebnissen der Bodenschätzung und den Produktionstypen einschließlich der Spezialisierungsmöglichkeiten stützen. Danach ist die Einnahmebilanz auf Grund der jeweils gültigen Preise aufzustellen, wobei die Arbeitseinheiten in einer angemessenen, z. B. dem VEG-Lohn entsprechenden Höhe zu planen und auch die Fondszuführungen zu berücksichtigen sind. Das positive oder negative Ergebnis der Bilanz gibt an, ob und in welcher Höhe Steuern zu veranlagen oder Zuschüsse zu zahlen sind. Das so ermittelte Resultat wird mit Bilanzen von wissenschaftlich besonders exakt kalkulierten Betrieben verglichen.

Dieser Plan-Einnahmebilanz stände die Ist-Einnahmebilanz gegenüber. Letztere kann durch Arbeitsorganisation, Arbeitsmoral und Jahreswitterung wesentlich beeinflußt werden. Bei Voraussetzung einer normalen Jahreswitterung werden gute Arbeitsorganisation und gute Arbeitsmoral zu größeren Einnahmen führen, so daß berechtigt höhere Einkünfte an die Mitglieder verteilt werden können. Die Jahreswitterung könnte man durch jahrweise Erhöhung und Senkung der Agrarpreise berücksichtigen. Da aber im allgemeinen die Auswirkungen der Witterung in der DDR nicht einheitlich sind, müßte das zu einer Zonenpreisbildung führen, die auf dem kleinen Gebiet der DDR nur zu Spekulationen Anlaß geben dürfte. Eine weitere Möglichkeit bestände darin, jährlich Steuern und Zuschüsse zu variieren. Dagegen ergeben sich aber Bedenken, weil sich diese Änderungen entsprechend unseren Vorschlägen nur auf die besseren und schlechteren Produktionsbedingungen auswirken würden. Deshalb wird vorgeschlagen, den Ausgleich der Auswirkungen der Jahreswitterung nicht staatlicherseits, sondern durch Reservefondsbildung in den einzelnen LPG vorzunehmen.

Die Schwierigkeiten liegen aber nicht nur in der Ermittlung eines gerechten Maßstabes für die Beurteilung der Produktionsmöglichkeiten, sondern auch in der technischen Durchführung der Planungsmaßnahmen. Eine gerechte Beurteilung kann, wie auch schon RÜBENSAM ausgeführt hat, nur dann erfolgen, wenn man für die gesamte DDR nach einem Schlüssel verfährt, der überall angewandt wird und bei dem die Korrekturen, die sich notwendigerweise entwicklungsbedingt ergeben, bis zur letzten LPG in ein und derselben Weise durchgeführt werden können. Die Auswertung der Buchhaltungsunterlagen wird gegenwärtig nur zu einem ganz geringen Teil vorgenommen. Darüber hinaus erfolgt sie so spät, daß sie keine Auswirkung auf die operative Leitung der Landwirtschaft durch den Staatsapparat mehr hat. Die bisher eingesetzten technischen Hilfsmittel bei der Planung reichen für diese Zwecke nicht aus. Ebenso verspricht die Anwendung von Lochkartenanlagen, die auf Hollerithbasis arbeiten, dafür keine genügenden Erfolge. Deshalb wird vorgeschlagen, auch für die Landwirtschaft datenverarbeitende Elektronenrechenautomaten einzusetzen. Obwohl diese augenblicklich nur in sehr geringem Umfang zur Verfügung stehen, so ist es dennoch möglich, die relativ geringen Anforderungen, die die Durchrechnung von ca. 19000 LPG, später vielleicht von nur noch 2000 bis 4000 LPG, notwendig macht, nebenbei mit zu erledigen. Ohne hier auf Einzelheiten der Programmierung einzugehen, soll doch kurz der zu behandelnde Fragenkreis angeschnitten werden. Es wäre möglich, in den einzelnen jetzt entstehenden Kreisbuchungsstationen Lochkarten vorzubereiten, die u. a. folgende Daten enthalten sollten:

1. Kurze Beschreibung des Betriebes in Hauptkennzahlen, die vor allem für die Ermittlung der spezifischen Ertragsfähigkeit von Bedeutung sind
2. Umfang, Erträge und Kosten der einzelnen Zweige der Produktion
3. Weitere Aufgliederung der Kosten, um die Kosten für die lebendige Arbeit gesondert auszuweisen und Beziehungen zwischen den einzelnen Mechanisierungsstufen zu finden

Sind diese Angaben vorhanden, so kann man, nachdem man noch die Brutto- und Marktproduktion ermittelt hat, durch Voraussetzung bestimmter Preisvarianten für alle LPG die Höhe der Einnahmen und der Einkünfte berechnen. Auf diese Weise ist es leicht, die notwendigen Steuern bzw. Zuschüsse zu ermitteln und ein Optimum der Preisgestaltung zu finden. Der Einsatz von Elektronenrechenautomaten wird zu immer exakterer mathematischer Erfassung sämtlicher inner- und außerbetrieblicher Faktoren und damit zur Vervollkommnung der Planung führen.
So werden sich in Zukunft sogar komplizierte Erwägungsrechnungen durchführen lassen, bei denen man ein sehr weitreichendes Programm zugrunde legen kann und den Elektronenrechenautomaten die Aufgabe zuteilt, zu errechnen, welchen Umfang unter den jeweiligen Produktionsbedingungen die einzelnen Zweige der landwirtschaftlichen Produktion haben müssen, wenn der Bedarf der Bevölkerung der DDR einschließlich der Ausfuhrverpflichtungen und abzüglich der Importmöglichkeiten möglichst billig gedeckt werden soll. Hierbei wäre es sogar denkbar, z. B. die Probleme der Fruchtfolge in einem Programm zu erfassen, auswerten zu lassen und dadurch eine optimale Fruchtfolge unter den jeweiligen Standortbedingungen zu finden.
Der Einsatz von Elektronenrechenautomaten wird sich in absehbarer Zeit auf die Landwirtschaft erstrecken. Es muß Aufgabe der Wissenschaftler sein, schon jetzt Schritt für Schritt alle notwendigen Vorbereitungen auf diesem Gebiet zu tun.
Die richtige Beachtung der aufgeführten Planungsgrundsätze wird es gestatten, in stärkerem Maße die nicht gerechtfertigten Unterschiede in den Einnahmen und im real erarbeiteten Wert der Arbeitseinheit zwischen den LPG, die unter unterschiedlichen ökonomischen und natürlichen Bedingungen arbeiten, auszugleichen. Diese Probleme gewinnen besonders im Hinblick auf einen zukünftigen Übergang zum einfachen Preissystem an Bedeutung. Alle agrarpolitischen Maßnahmen müssen die Probleme des leichten Bodens berücksichtigen und damit dazu beitragen, daß auch unter diesen ungünstigeren Bedingungen ein Ansporn zur Steigerung der Produktion gegeben ist.

ZUSAMMENFASSUNG

Anhand der Auswertung von Statistiken über die LPG des Typ III in der DDR konnte nachgewiesen werden, daß die LPG auf leichten Böden gegenüber den LPG auf guten Böden stark benachteiligt werden. Diese Benachteiligung entstand dadurch, daß das doppelte Preissystem die Differentialrente nicht in genügendem Maße ausglich. Das doppelte Preissystem ist mit verschiedenen ernsthaften Mängeln behaftet. Deshalb wird vorgeschlagen, in einem zukünftigen einheitlichen Preissystem alle Maßnahmen zu treffen, um die Erfahrungen aus dem doppelten Preissystem in bezug auf den Ausgleich der Differentialrente auszuwerten, die dem doppelten Preissystem anhaftenden Mängel zu vermeiden und dadurch zu ermöglichen, daß auch die LPG auf leichten Böden durch Zahlung eines entsprechenden Wertes der Arbeitseinheit ihren Mitgliedern einen wirksamen Anreiz zur Produktionssteigerung bieten können. Als Hauptmaßnahmen werden angesehen: Erarbeitung von Einnahmebilanzen auf Grund des Perspektivplanes, der Produktionstypen und der Bodenschätzung; Verlagerung der Produktion von gewinnbringenden Betriebszweigen, die nicht standortgebunden sind, wie Schweinemastanstalten, Hühnerintensivhaltungen, Champignonzucht, in Gebiete mit leichten Böden; Verbesserung der Preisrelationen von speziellen Produkten des leichten Bodens; richtige Investitions- und Meliorationskreditierung und Anwendung wirksamer Stützungsmaßnahmen. Die Möglichkeit zu einer einwandfreien Einschätzung jeder einzelnen LPG wird im Einsatz von Elektronenrechenautomaten gesehen, die dazu beitragen können, für alle LPG in der DDR über Einnahmebilanzen die notwendigen Steuern bzw. Zuschüsse zu errechnen.

Das Ziel muß sein, bei gleich guter Arbeitsorganisation und Arbeitsmoral in sämtlichen LPG der DDR, auch in den LPG auf leichten Böden, den Genossenschaftsbauern gleich hohe Einkünfte entsprechend ihrer Leistung und Qualifikation zu sichern.

РЕЗЮМЕ

На основе оценки статистики о сельскохозяйственных производственных кооперативах III типа в ГДР удалось показать, что сельскохозяйственные производственные кооперативы с легкими почвами по сравнению с сельскохозяйственными производственными кооперативами с хорошими почвами ставятся в невыгодное положение. Этот факт возник от того, что двойная система цен не выравнивала в достаточной мере дифференциальную ренту. Двойная система цен имеет различные серьезные недостатки. Поэтому предлагается при разработке будущей единой системы цен обращать внимание на использование опыта, собранного при двойной системе цен относительно выравнивания дифференциальной ренты и таким образом создать возможность к тому, чтобы и сельскохозяйственные производственные кооперативы на легких почвах были в состоянии при помощи использования соответствующей оценки трудодня побуждать своих членов к увеличению производства. Главными мерами считаются: разработка приходных балансов на основе перспективного плана, производственных типов и оценки почвы; переложение производства продуктов, не связанных с местом обитания, как откормочных станций свиней, птицефабрик, выращивания шампиньонов; повышение цен специальных продуктов легких почв и продуктов животноводства, изменение предоставления кредитов на капиталовложения и мелиорацию, а также использование действенных мер поддержки. Безупречную оценку каждого сельскохозяйственного производственного кооператива в отдельности считают возможной при использовании электронных счетных машин, при помощи которых составляются приходные балансы для всех сельскохозяйственных производственных кооперативов III типа в ГДР.

Должно считаться целью при одинаково хорошей организации труда и при одинаково сознательном отношении к труду во всех сельскохозяйственных производственных кооперативах ГДР, включительно тех на легких почвах, обеспечить членов кооперативов одинаково высокими доходами соответственно их труду и квалификации.

SUMMARY

Based on the evaluation of statistics about agricultural cooperatives of type III in the German Democratic Republic it could be demonstrated that cooperatives on light soils are greatly handicapped as against cooperatives on good soils. This handicap is due to the fact that the double price system does not compensate sufficiently for the differential rent. The double price system has various serious faults. Therefore, it is proposed that for the future uniform price system all measures be taken so as to evaluate the experiences with the double price system with regard to the compensation of the differential rent and to make it possible that also the cooperatives on light soils are able to encourage their members, by paying a corresponding value of the work unit, to increase the production. The chief measures include: the elaboration of income balances on the basis of the long-term plan, the types of production and soil estimation; the shifting of projects being not locally conditioned as pig fattening houses, intensive poultry keeping and champignon breeding; better prices for special products of light soils as well as for animal products, alteration of investment and melioration credits and the use of effective measures of support. The unobjectionable assessment of each cooperation is made possible by automatic electron computers which are used for all cooperatives of type III in the GDR.

With an equally good working organization and working moral in all cooperatives of the GDR, including the cooperatives on light soils, we must aim at ensuring the cooperative farmer a uniformly high income in conformity with his performance and qualification.

LITERATURVERZEICHNIS

[1] HOWITZ, H.: Feststellung einer angemessenen Preisrelation der landwirtschaftlichen Erzeugnisse. Forschungsbericht Univ. Rostock, 1959

[2] LEUSCHNER, B.: Bewährungsprobe für alle Organe. In: Diskussionsreden auf der 8. Tagung des Zentralkomitees der Sozialistischen Einheitspartei Deutschlands vom 30. März bis 2. April 1960, 3—8, Berlin, Dietz-Verl.

[3] MARX, K.: Das Kapital. 1951 3. Bd., S. 662—866, Berlin, Dietz-Verl.

[4] PETERSEN, A.: Die landwirtschaftlichen Produktionszonen als Grundlage der Agrarplanung. In: Rechenschaftsbericht und Vorträge der Deutschen Akademie der Landwirtschaftswissenschaften Berlin 1953, 147—170, Berlin

[5] PETERSEN, A.: Bodenschätzung, Rohertragsbonitierung und Meliorationsbonitierung (Mit einer Übersicht). Sitz.-Ber. Dt. Akad. Landwirtsch.-Wiss. Berlin 1956, **V**, H. 28, 47 S.

[6] RÜBENSAM, E.: Bisherige Ergebnisse der Arbeiten zur Verbesserung der Standortverteilung der landwirtschaftlichen Produktion. Z. Agrarökonomik 1959, **2**, 69—74

[7] STIBUREK, V.: Die Differentialrente in den JZD vom Gesichtspunkt einheitlicher Preise. Für die sozialistische Landwirtschaftswissenschaft 1960, **IX**, 1—26, Prag

[8] Repräsentative Betriebsuntersuchungen in einzelbäuerlichen Betrieben des Jahres 1957. Ergebnis der Untersuchungen von ca. 15000 Betrieben in der DDR (RBU/V). Untersuchungen der Staatlichen Zentralverwaltung für Statistik beim Ministerrat der DDR

[9] Sonderauswertung der Jahresabschlußberichte der LPG des Typs III in der Deutschen Demokratischen Republik. Wichtigste Ergebnisse nach verschiedenen Gruppierungen. 1959 Bd. 1 u. 2